AUTORIN UND FOTOGRAFIN: MONIKA WEGLER

KANINCHEN
IM AUSSENGEHEGE

D1869970

INHALT

4 TYPISCH KANINCHEN

20 DRAUSSEN LEBEN

40 GESUND UND MUNTER

EXTRAS

DIE GU-QUALITÄTS-GARANTIE

Wir möchten Ihnen mit den Informationen und Anregungen in diesem Buch das Leben erleichtern und Sie inspirieren, Neues auszuprobieren. Bei jedem unserer Produkte achten wir auf Aktualität und stellen höchste Ansprüche an Inhalt, Optik und Ausstattung. Alle Informationen werden von unseren Autoren und unserer Fachredaktion sorgfältig ausgewählt und mehrfach geprüft. Deshalb bieten wir Ihnen eine 100 %ige Qualitätsgarantie.

Darauf können Sie sich verlassen:
Wir legen Wert auf artgerechte Tierhaltung und stellen das Wohl des Tieres an erste Stelle. Wir garantieren, dass:

- alle Anleitungen und Tipps von Experten in der Praxis geprüft und
- durch klar verständliche Texte und Illustrationen einfach umsetzbar sind.

Wir möchten für Sie immer besser werden:
Sollten wir mit diesem Buch Ihre Erwartungen nicht erfüllen, lassen Sie es uns bitte wissen! Nehmen Sie einfach Kontakt zu unserem Leserservice auf. Sie erhalten von uns kostenlos einen Ratgeber zum gleichen oder ähnlichen Thema. Die Kontaktdaten unseres Leserservice finden Sie am Ende dieses Buches.

GRÄFE UND UNZER VERLAG
Der erste Ratgeberverlag – seit 1722.

TYPISCH KANINCHEN

In jedem Hauskaninchen – gleich ob groß oder klein – steckt das Verhalten seiner Vorfahren, der Wildkaninchen. Lernen Sie deshalb »Kaninisch«, dann verstehen Sie Ihre Tiere von Anfang an.

Die Welt der Kaninchen entdecken

Junge Kaninchen gehören zu den niedlichsten Tierkindern überhaupt und erobern die Herzen der Menschen im Sturm – vor allem auch die der Kinder. Dies hat dazu geführt, dass Kaninchen, besonders die Zwergrassen, auf der Beliebtheitsskala der Heimtiere weit nach oben geklettert sind. Leider landen viele Kaninchen im Tierheim, werden einfach »abgeschoben«, weil man nicht mit ihnen klarkommt. Mein Anliegen ist es deshalb, Sie davon zu überzeugen, dass Sie unendliche Freude mit Kaninchen erleben können, wenn Sie den Tieren ein Zuhause schaffen, in dem sich die kleinen Racker so richtig austoben und wohlfühlen können. Begleiten Sie mich nun zunächst in die Welt der Wildkaninchen, deren Gene noch fest in unseren Hauskaninchen verankert sind. Lernen Sie Sprache und Verhaltensweisen verstehen und was für die Heimtierhaltung daraus folgt.

Gemeinsam stark!

Im Gegensatz zum Feldhasen, der ein ausgesprochener Einzelgänger ist, leben Wildkaninchen sehr gesellig. Sie verbringen ihr gesamtes Leben innerhalb ihres Rudels. Hier findet ein intensiver Austausch von vielfältigen sozialen Kontakten statt, und die Lebensgemeinschaft bietet dem einzelnen Kaninchen Schutz und Geborgenheit. Das tiefe Bedürfnis, gesellig zu leben und sich mit seinen Artgenossen auszutauschen, ist auch unseren Hauskaninchen angeboren. Deshalb sollten Sie ein Kaninchen nie alleine halten. Machen Sie sich bewusst, dass weder ein Mensch noch ein Meerschweinchen dem Kaninchen den Partner ersetzen kann. Auch die Aussage: »Mein einzeln gehaltenes Kaninchen ist doch so glücklich, dem fehlt es an nichts« ist ein Trugschluss. Nur weil das Tier in Anbetracht fehlender Alternativen versucht, sich irgendwie mit seinen

Lebensumständen zu arrangieren, ist es noch lange nicht glücklich. Nicht korrekt ist auch die Behauptung, dass ein Einzelkaninchen handzahmer wird. Ob ein Kaninchen ein Vertrauensverhältnis zu Ihnen entwickelt oder scheu und ängstlich bleibt, hängt von anderen Faktoren ab (→ Seite 14). Entscheiden Sie sich also von Anfang an für mindestens zwei Kaninchen. Wenn Sie eines der vorgestellten Gehege nachbauen, ist dort auch genügend Platz für eine kleine Kaninchengruppe.

Hier wohne ich!

Kaninchen sind sehr reviertreu und verteidigen ihr angestammtes Territorium vehement gegenüber Artgenossen, die nicht zur Sippe gehören. Und dies hat gute Gründe: Wildkaninchen leben in unterirdischen Bausystemen. Hier finden sie Schutz vor ihren Feinden und ziehen ihren zahlreichen Nachwuchs auf. Das Nahrungsangebot ist meist knapp und muss sich in der Nähe des Baus befinden, damit das Kaninchen bei Gefahr sofort in seinen sicheren Bau flüchten kann. Um das Überleben der eigenen Sippe nicht zu gefährden, können fremde Artgenossen nicht einfach akzeptiert und aufgenommen werden. Sie müssen sich ihr eigenes Territorium schaffen. Auch unsere Hauskaninchen folgen diesen angeborenen Instinkten, die bei der Vergesellschaftung unbedingt berücksichtigt werden müssen. Setzen Sie nie ein fremdes Kaninchen – ohne vorbereitende Maßnahmen – in das Zuhause eines anderen Kaninchens. Und erwarten Sie auch nicht, dass ein erwachsenes Kaninchen auf ein Jungtier Rücksicht nimmt, getreu der Devise: »Ach, das arme Kleine!« Kaninchen kennen keinen sogenannten Welpenschutz wie beispielsweise Hunde. Wer nicht zur Familie gehört, wird erst einmal bekämpft (→ Vergesellschaftung, Seite 56).

Chef gesucht!

Jede soziale Lebensgemeinschaft benötigt gewisse Strukturen und Verhaltensregeln, damit das Miteinander gut funktioniert. In der Natur gilt es vor allem, das Überleben der Art zu sichern. Rangordnungskämpfe sorgen dafür, dass sich die starken und klugen Tiere durchsetzen. Diese garantieren wiederum gesunde Nachkommen und gewähren der Sippe durch ihre Fähigkeiten Schutz. In der

Widderchen Puschel und Zwerg Pumuckl begegnen sich. Am hochgeklappten Schwanz erkennt man, wer hier der Selbstbewusste ist.

Ohren gespitzt, Schwänzchen abgeklappt, Körperhaltung angespannt. Pumuckl bewegt sich auf fremdem Gebiet. Hier ist Vorsicht angesagt!

Irgendetwas hat Pumuckl erschreckt. Fest an den Boden gedrückt und reglos verharrend: So hofft das Kaninchen, nicht entdeckt zu werden.

Wildkaninchenkolonie herrscht eine strenge Rangordnung. Die Männchen kämpfen – mit beginnender Geschlechtsreife – um ihre Position innerhalb der Sippe, bis sich ein Alpha-Männchen (Rudelführer) durchgesetzt hat. Unterlegene Rivalen können sich durch Flucht ernsthaften Verletzungen entziehen. Um den heftigen Rangordnungskämpfen unter potenten Rammlern in der Heimtierhaltung vorzubeugen, sollten Sie Böckchen unbedingt kastrieren lassen, möglichst bereits vor Beginn der Geschlechtsreife (→ Seite 14). Auch Weibchen verhalten sich, vor allem während ihrer Brunst, aggressiv gegenüber Rivalinnen. Deshalb empfiehlt sich keine reine Häsinnen-Haltung (→ Seite 15).

Zoff nicht ausgeschlossen!

Kaninchen, die sich mögen, liegen gern dicht beieinander und putzen sich gegenseitig das Fell. Doch nicht immer herrscht in einer Kaninchensippe eitel Sonnenschein. Neben kleinen spielerischen Kabbeleien versuchen Kaninchen auch in einer bestehenden Gruppe gelegentlich, die Rangfolge neu zu klären. Leben die Tiere in einem großen Auslauf, kann der jeweils Verfolgte fliehen. Manches gewitzte Kaninchen versteckt sich und entzieht sich so erst einmal dem Blickfeld des Verfolgers. Häuschen und Verstecke sollten mehrere Ein- und Ausgänge haben. So kann ein in die Enge getriebenes Tier jederzeit flüchten, und der »Streit« eskaliert nicht unnötig.

Kaninchen, die **Tunnelbaumeister**

GRABEN Dieses Verhalten liegt den Kaninchen im Blut. Mithilfe der Vorderpfoten graben sie ihren Bau in die Erde. Damit die Tiere auch im Gehege ihrer Leidenschaft frönen können, sollte ein Teil des Gehegebodens aus einer etwa 50 cm hohen Erdschicht bestehen (→ Rundum sicher und geschützt, Seite 22). Bieten Sie im Balkongehege beispielsweise eine Sandkiste zum Buddeln an.

Anatomie und Sinne

Augen

360 Grad Sehwinkel. Das ermöglicht dem Kaninchen, sein Umfeld rundum, auch nach oben, zu erkennen. Dazu kommt die Fähigkeit, bei schlechten Lichtverhältnissen gut zu sehen. So ist das Kaninchen in der Lage, seine Feinde rechtzeitig zu erkennen und zu fliehen.

Nase

100 Millionen Riechzellen ermöglichen den Kaninchen, feinste Duftmoleküle aufzunehmen. Wir reden in Worten, sie »sprechen« per Duftbotschaften miteinander. Für Kaninchen ist es wichtig, auch ihr Revier zu markieren.

Zunge

In der Mund- und Rachenhöhle des Kaninchens befinden sich die Geschmacksknospen. Es kann zwischen süß, sauer, bitter und salzig unterscheiden. Saftiges Grün und aromatisches Heu schmecken besonders gut.

Zähne

10 CM PRO JAHR wachsen seine Zähne und werden nur durch intensives Nagen und Kauen abgenutzt. Zwerge brauchen immer etwas zu knabbern.

Ohren

WIE SCHALLTRICHTER gebaut, können die Ohren jeweils unabhängig voneinander gedreht werden. Ohne den Kopf zu bewegen, erfasst das Kaninchen einen Hörraum von etwa 360 Grad. Mit seinem feinen Gehör reagiert das Tier äußerst empfindlich auf alle lauten Geräusche. Vor allem, wenn Geräusche plötzlich auftreten, ungewohnt und schrill (Raubvogelschrei) sind, geraten Kaninchen leicht in Panik. Anhaltender Lärm in ihrem Umfeld verursacht den Tieren Dauerstress.

Tasthaare

SIE BEFINDEN SICH im Mund-Nasen-Bereich, über den Augen und an den Wangen. Mit ihrer Hilfe kann sich das Kaninchen z. B. im unterirdischen Bau orientieren.

Das Einmaleins der Kaninchensprache

Wer verstehen möchte, was das Kaninchen mit seiner Körpersprache sagen will, muss genau hinschauen. Bereits kleine Veränderungen der Ohr- oder Schwanzstellung drücken eine andere Gefühlslage aus.

Ausruhen & Relaxen

Als Flucht- und Beutetier darf ein Wildkaninchen sein Umfeld nie völlig außer Acht lassen. Nur wenn es sich absolut geschützt fühlt, kann das Kaninchen komplett entspannen.

Hocken Typische Ruhestellung, Ohren nach hinten gelegt, Atmung ruhig, Augen beginnen sich zu schließen (→ Foto, Klappe vorne rechts).

Liegen mit ausgestreckten Hinterläufen (→ Foto, Seite 3). Dieses Kaninchen ruht sich aus, Kopf- und Ohrenstellung zeigen jedoch an: »Ich bleibe wachsam.« Senkt es seinen Kopf, legt die Ohren an und streckt sich in Seitenlage aus, fühlt es sich sicher und kann völlig relaxen.

Im Moment keine Lust auf engeren Kontakt? Da muss das Widderchen nur einen kleinen Spurt einlegen – und weg ist es.

Lebensfreude & Übermut

Glückliche Kaninchen genießen ihr Dasein und können es auch ausdrücken.

Sich wälzen Meine Kaninchen tun dies am liebsten in ihrer Buddelkiste, andere überall dort, wo sie sich so richtig (kaninchen)wohlfühlen.

Luftsprünge Vor allem bei jungen Kaninchen kann man dies beobachten, wenn sie wie kleine Zicklein vor Übermut in die Luft springen. Auch die großen jagen herum, schlagen Haken und vollführen Luftsprünge, wenn sie zum Beispiel morgens aus dem Stall gelassen werden.

Unsicherheit & Angst

Das Kaninchen hört plötzlich ein fremdes Geräusch, entdeckt etwas Unbekanntes, befindet sich in einer Umgebung, in der es sich nicht auskennt, oder begegnet einem Artgenossen, den es nicht kennt. Da heißt es: »Aufgepasst, es könnte etwas Bedrohliches passieren.«

Klopfen Das Tier klopft mit den Hinterläufen, einmal oder mehrmals hintereinander, fest auf den Boden. Das hört sich wie ein Trommeln an. So warnen Wildkaninchen auch Artgenossen vor herannahender Gefahr. Tut Ihr Kaninchen dies, hat es sich erschreckt, hat Angst und fühlt sich bedroht.

Hinweis Ist das Tier an der gefährlichen Trommelsucht erkrankt, klopft es ebenso, daher auch diese Krankheitsbezeichnung (→ Seite 53).

Flach auf den Boden drücken Droht Gefahr, versucht das Kaninchen instinktiv, in ein Versteck zu flüchten. Ist es dafür zu spät, hilft nur noch eins: Sich fest auf den Boden drücken, reglos verharren und hoffen, dass man nicht entdeckt wird (→ Foto, Seite 6). Hat das Kaninchen die Augen dabei weit aufgerissen und beben seine Flanken, befindet es sich in höchster Panik. Rennen Sie jetzt keinesfalls auf das Tier zu! Lassen Sie es erst zur Ruhe kommen. Dann können Sie sich dem Kaninchen langsam nähern, es beruhigend ansprechen und eventuell sogar hochnehmen.

Vorsichtig aufmerksame Körperhaltung Vorderkörper und Kopf vorgestreckt, Ohren leicht nach vorne gerichtet, Schwänzchen abgeklappt (→ Foto, Seite 7 links).

Harnspritzen Der potente Rammler markiert damit seine »Auserwählte«. Aber auch wenn Kaninchen sich aggressiv verfolgen, kann das flüchtende gestresste Tier Harn verspritzen (→ Seite 13).

Sich »lautlos« verstehen

Kaninchen können auch ohne Laute durchaus mit uns kommunizieren. Sie zeigen dabei die gleichen Verhaltensweisen wie gegenüber Artgenossen.

Sanft mit der Nase anstupsen Typisches Begrüßungsritual unter Kaninchen nach dem Beschnuppern. Stupst Ihr kleiner Racker Sie so an, will er Ihre Aufmerksamkeit.

Ein energischer Stupser Er bedeutet: »Weg da!« Bei Kaninchen untereinander kann dann schon mal ein »Knuffer« folgen. Stößt Mümmel Ihre Hand weg, möchte er nicht mehr gestreichelt werden.

Lecken (auch als »grooming« bezeichnet) Kaninchen, die sich mögen, festigen durch das gegenseitige Sichputzen ihre Freundschaft. Leckt das Kaninchen Ihre Hand, dann heißt das: »Ich mag dich.«

»Das gehört mir!« Mit dem Kinn reibt dieses Kaninchen am Holz und markiert auf diese Weise die Einrichtungsgegenstände in seinem Auslaufgehege.

Ausgeprägter Geschlechtstrieb

In der Welt der Wildkaninchen steht die erfolgreiche Vermehrung zur Sicherung der Art an erster Stelle.

Aufreiten und Berammeln Steigt der potente Rammler auf die brünstige Häsin, wird der Deckakt ausgeführt. Ist der Bock kastriert, reitet eine brünstige Häsin ebenfalls bei ihm auf, quasi als Aufforderung. In der Pärchenhaltung kann eine hochbrünstige Häsin das kastrierte Böckchen arg bedrängen.

Umkreisen Dieses Verhalten gehört zum Paarungsritual der Männchen. Umkreist Mümmelmann Ihre Beine, umwirbt er Sie als »Ersatzpartnerin«. Auch ein eventueller Biss ins Hosenbein ist Bestandteil des Liebesrituals und keine Aggression.

Hinweis Auch gleichgeschlechtliche Kaninchen besteigen sich. Wer oben aufsteigt, bekundet damit dem Artgenossen seinen höheren Rang. Dieses Verhalten bezeichnet man als Dominanzaufreiten.

»Wut im Bauch«

Wenn es bei den Kaninchen ernsthaft zur Sache geht, dann fliegen die Fetzen! Sie jagen sich wild hinterher, springen sich heftig an, beißen und kratzen einander mit den wehrhaften Hinterläufen. Auch so manch ein Kaninchenhalter bekam schon solch eine schmerzhafte Attacke zu spüren. Vorderkörper und Kopf sind sprungbereit vorgestreckt, dabei ist die Blume, der Schwanz, aufgestellt. Die Ohren sind angelegt, es folgt möglicherweise ein kurzer Knurr- oder Brummlaut: Achtung! Gehen Sie in Habachtstellung: Der Angriff kann nämlich blitzschnell erfolgen.

Männchen machen

Stets wachsam bleiben ist für Mümmel & Co. überlebenswichtig. Erregt etwas seine Aufmerksamkeit, nimmt das kleine Kaninchen gerne diese erhöhte Körperposition ein. So verschafft es sich einen besseren Rundumblick und kann Duftstoffe sowie Geräusche besser wahrnehmen (→ Fotos: Umschlagklappe vorne).

Rund ums Markieren

Kaninchen kommunizieren mithilfe von körpereigenen Duftstoffen und haben ein ausgeprägtes Markierungsverhalten.

Kaninchen bevorzugen deckungsreiches Gelände, damit sie ihren Feinden nicht schutzlos ausgeliefert sind. Dass Paulchen mit seinem blau-weißen Fell weithin sichtbar leuchtet, das »weiß« er nicht.

Mit dem Kinn an Gegenständen reiben Mithilfe der dort sitzenden Drüse kennzeichnet das Kaninchen alles, was es als seinen Besitz betrachtet (→ Foto, Seite 11).
Markieren mit Urin und Kotpillen Damit werden vor allem Reviergrenzen abgesteckt (→ Harnspritzen, Seite 11).
Hinweis Der Farbton des Urins kann von weißgelblich bis rotorange schwanken. Dafür verantwortlich sind unterschiedliche Futterpflanzen und Duftstoffe aus den Leistendrüsen. Vorsicht bei blutig rotem Urin (→ Seite 55)!

Kaninchens Lautäußerungen

Wildkaninchen verhalten sich möglichst ruhig und leise, um keine Raubtiere anzulocken.
Brummeln Mehrmals hintereinander folgende kehlige Brummlaute gibt ein Kaninchen von sich, das äußerst verärgert ist.
Kurzer fauchender Brummton Gleichzeitig ausgestoßen mit der Angriffshaltung (→ »Wut im Bauch«, Seite 12) besagt dies unmissverständlich: »Kommst du näher, greife ich dich an!« Ursachen für solche Aggressionen gegenüber dem Menschen sind häufig Haltungsfehler.
Kehliger Brummton Ihn gibt der potente Rammler oft kurz nach dem erfolgten Deckakt von sich.
Leises Fiepen Dies hört man nur bei nestjungen Kaninchen, die hungrig oder in Not geraten sind und nach der Mutter rufen.
Schriller Schrei Diesen Laut stößt ein Kaninchen nur in völliger Panik und Todesangst aus.
Leise Mahlgeräusche mit den Zähnen Dabei ist der Körper entspannt. Das Tier fühlt sich wohl.
Zähneknirschen Die Körperhaltung ist angespannt. Das Tier leidet unter starken Schmerzen! Bringen Sie es umgehend zum Tierarzt.

Junge oder **erwachsene Tiere?**

TIPPS VON DER KANINCHEN-EXPERTIN
Monika Wegler

JUNGE KANINCHEN Sie entsprechen mit ihren runden Proportionen dem sogenannten »Kindchenschema«. Ihr Anblick löst bei uns Menschen einen Schlüsselreiz aus. Fürsorglich wollen wir diese Kleinen in den Arm nehmen, streicheln und behüten. Wer jedoch glaubt, dass junge Kaninchen eher zutraulich werden, sollte genau wissen, woher sie stammen und wie die Jungen aufgezogen wurden – sonst könnte die Enttäuschung später groß sein (→ Seite 14).

ERWACHSENE KANINCHEN Sie sind in ihrem Aussehen und in ihrer Persönlichkeit besser zu beurteilen als Jungtiere. Wenn Sie sich gleich für ein Pärchen, das schon Freundschaft miteinander geschlossen hat, entscheiden, ist dies ein guter Start für ein glückliches Kaninchenleben.

TIERSCHUTZVEREINE Hier warten genügend »abgeschobene« Kaninchen, die lieb und zutraulich sind, auf verständnisvolle Halter. Die Rammler werden erst abgegeben, wenn sie kastriert sind. Alle Kaninchen haben einen gründlichen Gesundheitstest durch den Tierarzt bestanden.

Die richtige Wahl

Wenn Sie Ihre Traumkaninchen noch nicht gefunden haben, erhalten Sie nachfolgend die wichtigsten Tipps für die richtige Auswahl der Tiere.

Abgabealter Erst mit etwa acht Wochen sind Kaninchenkinder von ihrer Entwicklung her so weit, dass sie in ihr neues Zuhause umziehen können. Wer Jungtiere mit vier Wochen abgibt oder kauft, handelt unverantwortlich. Nicht selten sterben diese armen Kleinen kurze Zeit nach dem Platzwechsel oder kränkeln vor sich hin.

Wer passt zu wem?

Kaninchen brauchen als Heimtiere zumindest einen Artgenossen. Einzelhaltung ist nicht artgerecht (→ Seite 5). Wenn Sie sich für erwachsene Kaninchen entscheiden, wählen Sie am besten zwei, die bereits Freundschaft miteinander geschlossen haben (→ Seite 13). Kaninchenkinder können Sie in der Regel bis zur Geschlechtsreife problemlos aneinander gewöhnen. Zumeist stressfrei verläuft auch der Umzug in ein neues Zuhause bei zwei Wurfgeschwistern oder zwei Kaninchen aus einer bestehenden Gemeinschaft. Solche Kleingruppen finden Sie häufig im Zoofachhandel.

Ein Pärchen Diese Kombination ist in der Regel ideal. Doch Vorsicht, Kaninchen werden innerhalb von nur wenigen Monaten geschlechtsreif. Stellen Sie den Rammler frühzeitig dem Tierarzt vor, der dann je nach Entwicklungsstand des Tieres den Zeitpunkt für die Kastration des Männchens festlegt. Bei Zwergkaninchen sollte man dies im Alter von 10 bis 12 Wochen tun, bei den großen Rassen mit 14 bis 16 Wochen. Man vermeidet durch frühzeitiges Kastrieren nicht nur ungewollten Nachwuchs,

Blick in den geschützten Stallbereich eines Außengeheges. Die große gefüllte Heuraufe sorgt für eine gesunde Ernährung und auch für Beschäftigung.

Augen auf beim **Kauf**

GEPFLEGTE HALTUNG Gleich wo Sie Ihre Kaninchen erwerben, achten Sie auf Sauberkeit, ausreichendes Platzangebot und gesundes Futter.

GESUNDHEITSCHECK Lassen Sie sich das Tier zeigen. Ein gesundes Kaninchen hat ein glänzendes Fell ohne Kahlstellen. Die Augen müssen klar sein, die Ohren frei von Belägen, die Nase trocken und der Afterbereich sauber. Nicht vergessen: Gebisskontrolle (→ Seite 48).

VORSICHT ANSTECKUNG Achten Sie darauf, dass kein Tier in der Gruppe Krankheitssymptome zeigt. Selbst wenn Ihr ausgewähltes Kaninchen gesund erscheint, kann es sich bereits bei einem kranken Tier angesteckt haben.

sondern der Rammler kann danach auch gleich wieder zu seiner Partnerin gesellt werden.

Zwei Böcke Sie leben als Jungtiere harmonisch miteinander. Mit einsetzender Geschlechtsreife beginnen sie jedoch, heftig um Revier und Rangordnung zu kämpfen. Lassen Sie beide Rammler frühzeitig kastrieren, alles andere ist Tierquälerei und kann in begrenzten Gehegen blutig enden. Ich habe schon häufig zwei Rammler zusammen gehalten, die frühzeitig kastriert wurden und sich prima verstanden. In anderen Haltungen klappt dies ebenso, in manchen kommt es trotzdem zum Streit.

Zwei Häsinnen In der Brunst können sie recht aggressiv zueinander sein. Sie verteidigen als »zukünftige Mütter« dann häufig heftig ihr Revier und ihren Rang gegenüber der Rivalin. Folglich ist eine reine Weibchenhaltung nicht empfehlenswert.

Gruppe In einem geräumigen Außengehege bietet es sich an, eine kleine Gruppe aufzunehmen. Eine gute Kombination: Zwei Pärchen oder zwei Weibchen mit einem kastrierten Bock. Da aber Kaninchen unterschiedliche Persönlichkeiten entwickeln, gilt es, diese mit zu berücksichtigen (→ Seite 56).

Zutraulich und wesensfest

Die meisten Halter wünschen sich Kaninchen, die schnell Vertrauen zu ihrem Menschen fassen und sich ohne größere Komplikationen eingewöhnen.

Elterntiere Der Nachwuchs bekommt Wesensmerkmale von Vater, Mutter und den Großeltern vererbt. Auch das Verhalten der Häsin während der Aufzucht hat Einfluss auf ihre Jungen. Stammen die Kleinen aus einer Linie zutraulicher und wesensfester Kaninchen, stehen die Chancen gut, dass die Kaninchenkinder sich ebenso entwickeln.

Prägungsphase Nur wenn die Kleinen bis zu ihrer Abgabe täglich einen liebevollen Umgang durch Menschen kennenlernen, werden sie schnell handzahm. Diese wichtige soziale Prägungsphase bis zur achten Lebenswoche kann nicht nachgeholt werden! Kaninchen aus schlechter Aufzucht brauchen viel Zeit, bis sie Vertrauen zu Menschen entwickeln. Manche bleiben ihr ganzes Leben lang unsicher und scheu.

Beim Kauf Informieren Sie sich am besten selbst vor Ort, wie die Kaninchen aufgezogen wurden – sei es bei einem Rassekaninchenzüchter des ZDRK (→ Seite 62), oder bei einem »Hobbyzüchter«. Im Zoofachhandel sollten Sie nachfragen, woher die angebotenen Kaninchenkinder stammen. Finger weg von Tieren aus den großen »Vermehrfabriken«!

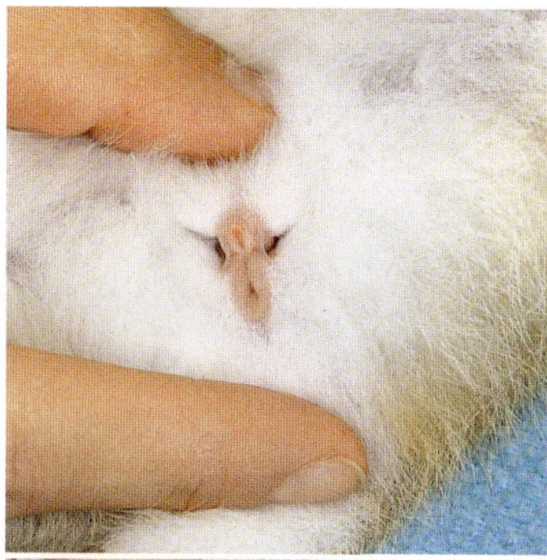

1 Bei der acht Wochen alten Häsin erkennt man unten zum Schwanz hin die Afteröffnung, darüber ist deutlich die schlitzförmige Vagina zu sehen.

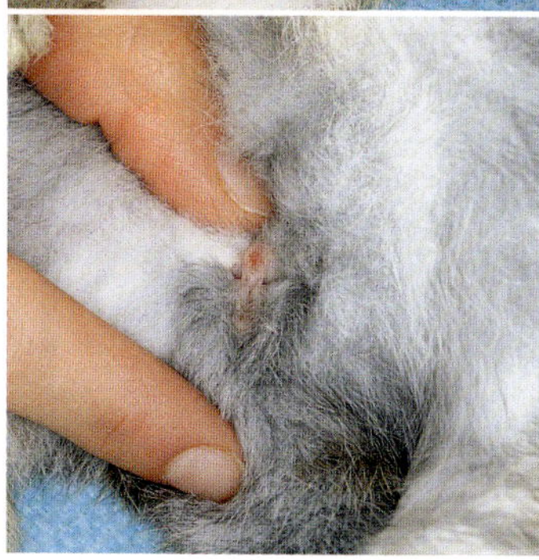

2 Beim gleichalten Rammler ebenfalls unten die Afteröffnung und darüber die punktförmige Geschlechtsöffnung. Der kleine Penis ist kaum erkennbar.

Herzlich willkommen daheim!

Endlich ist es so weit. Sie können Ihre Kaninchen zu sich nach Hause holen. Dort sollte selbstverständlich schon alles für deren Empfang vorbereitet sein.

Der Heimtransport

Kaninchen fahren erstens nicht gern Auto und fühlen sich zweitens verunsichert, wenn sie aus ihrem vertrauten Umfeld gerissen werden.

› Fahren Sie auf dem kürzesten Weg heim.

› Sicher und gut aufgehoben sind die Kaninchen in einer sogenannten Kleintierbox, erhältlich im Zoofachhandel. Die Box können Sie später auch für den Transport zum Tierarzt verwenden.

› Etwas Stalleinstreu aus dem alten Zuhause mit in die Box geben. Der vertraute Geruch beruhigt.

› Im Hochsommer die Tiere in einem klimatisierten Auto transportieren oder den Transport auf die kühleren Abendstunden verlegen, sonst droht die Gefahr eines Hitzschlags bei den Kaninchen!

Klimawechsel

Wenn im Spätfrühling auch nachts die Temperaturen draußen nicht unter 15 Grad sinken, dürfen die kleinen Racker sogleich ihr Balkon- oder Gartengehege beziehen. Doch was tun, wenn es draußen noch zu kalt ist und die Neuankömmlinge aus einer Wohnungshaltung stammen? Keinesfalls darf man solche Kaninchen im Winter einfach raussetzen. Diese Tiere haben kein warmes Winterfell gebildet und würden sich draußen – auch im geschützten, gut eingestreuten Winterstall – erkälten.

Umstellung im Winter Zum Jahreswechsel habe ich Moni und Maxi, zwei Tierheimkaninchen, aufgenommen und sie innerhalb von drei Monaten fit für die winterliche Außenhaltung gemacht. In dieser Zeit wurden sie auch vorsorglich gegen Myxomatose und RHD geimpft (→ Seite 51).

1. Phase: Moni und Maxi lebten zunächst in einem geheizten Raum – wie gewohnt. Innerhalb von vier Wochen drehte ich den Heizkörper nach und nach immer weiter herunter, bis ich ihn schließlich ganz ausstellte.

2. Phase: Nun zogen Moni und Maxi in ein Auslaufgehege auf meinen nicht isolierten Speicher. Hier herrschen im Winter annähernd Außentemperaturen. Nach etwa zwei weiteren Monaten hatten die beiden Kaninchen einen solch dichten Winterpelz, dass sie ins winterliche Außengehege zu zwei weiteren Artgenossen umziehen konnten.

Die ersten Tage

Lassen Sie den Kaninchen Zeit, ihr neues Umfeld in ihrem eigenen Rhythmus zu entdecken. Ich stelle stets meine große Transportbox mit den Neuankömmlingen in den Auslauf, öffne dann die Tür und warte ab. Die Vorwitzigen unter den Fellnasen trauen sich zuerst heraus, die Schüchternen brauchen etwas mehr Zeit. Die Transportbox gibt den Kaninchen ein Gefühl von Geborgenheit und ist ein bereits vertrauter Rückzugsort für sie, vergleichbar mit dem Bau der Wildkaninchen.

Eine andere Empfehlung: Setzen Sie die Kaninchen zuerst in den Stall, damit sie diesen als ihre »Höhle« in aller Ruhe in Besitz nehmen können. Wenn ein Tier anfängt, sich zu putzen – das machen Kaninchen nur dort, wo sie sich sicher fühlen –, oder beginnt, etwas zu fressen, dann ist der erste Schock überwunden.

Gleich zusammen mit einem befreundeten Artgenossen ins neue Zuhause einziehen, das behagt dem geselligen Kaninchen. Miteinander kuscheln, im Sand des Geheges buddeln, sich darin wohlig herumwälzen – so fühlen sich die Fellnasen rundum wohl.

Öffnen Sie nun die Stalltür, und lassen Sie die Kaninchen ihr weiteres Revier auf dem Balkon oder im Außengehege entdecken.

Hinweis Ein Kaninchen, das Sie ohne diese behutsame Eingewöhnung einfach irgendwo mitten ins Gehege setzen, wäre aufgrund der vielen neuen Eindrücke überfordert. Es flüchtet wahrscheinlich eingeschüchtert ins nächste Versteck und braucht insgesamt sehr viel mehr Zeit, bis es sich in seinem neuen Zuhause sicher und geborgen fühlt.

Leicht bekömmliche **Kost**

EIN PLATZWECHSEL verursacht Stress, der das Immunsystem schwächt. Füttern Sie in den ersten Tagen neben Kräuterheu ein wenig Petersilie, Fenchel, Karotte und Apfel. Sind die Tiere keine Frischkost gewohnt, das vertraute Fertigfutter reichen und es nach und nach ersetzen (→ Seite 43).

Kaninchenrassen im Porträt

Durch jahrzehntelange gezielte Zucht entstand eine beeindruckende Vielzahl an sehr unterschiedlichen Rassekaninchen. Auf dieser Doppelseite stelle ich Ihnen eine kleine Auswahl vor.

KLEINCHINCHILLA (etwa 2 bis 3 kg). Seine Fellzeichnung ähnelt dem gleichnamigen Nagetier aus Südamerika.

DEILENAAR (2,75 bis 3,25 kg). Dieses Kaninchen zählt ebenfalls zu den kleinen Rassen. Sein Fell ist rotbraun mit leichter Schattierung. Kinn und Bauch sind lohfarbig. Ein »knuffiges« Kaninchen mit einem sehr ausgeglichenen Temperament.

CASTOR REX (2,5 bis 4,5 kg). Das Fell dieser Kurzhaarrasse fühlt sich wie Samt an. Infolge der Kurzhaarigkeit treten bei allen Rexkaninchen die einzelnen Körpermerkmale schärfer in Erscheinung.

SACHSENGOLD (etwa 2 bis 3,5 kg). Ein kompaktes, eher gedrungenes Kaninchen mit einer intensiv leuchtend roten Fellfarbe.

LOHKANINCHEN (2,5 bis 3,25 kg). Hier ein Blauloh. Weitere Farbschläge: Schwarz- bzw. Braunloh. Lohkaninchen gehören zu den beliebtesten Rassen.

STALLKANINCHEN Sein Name ist Maximo, Herkunft unbekannt, Größe und Färbung variabel. Stellvertretend für all die großen Sanften ohne Adel.

ZWERGWIDDER (1 bis 2 kg). Ein hängeohriger Vertreter unter den Rassekaninchen. Farbschläge wie bei den Farbenzwergen. Hier: thüringerweiß gescheckt.

HASENKANINCHEN (etwa 2,5 bis 4 kg). Es ähnelt im Körperbau und in der Fellzeichnung zwar dem Feldhasen, ist aber ein »echtes« Kaninchen. Eine elegante und lebhafte Rasse.

DRAUSSEN LEBEN

Die ideale Haltungsform für Kaninchen ist die Außenhaltung. Um ihre Bedürfnisse gefahrlos ausleben zu können, brauchen die Tiere eine artgerechte Unterbringung. Lassen Sie sich inspirieren ...

Christines Freigehege

Auf dem Foto links sehen Sie die Gesamtanlage, bestehend aus dem fest installierten Freigehege und dem zusätzlichen versetzbaren Auslauf auf der Wiese. Ein wunderschönes Zuhause, in dem vier Kaninchen (drei kastrierte Böcke, eine Häsin) ganzjährig draußen leben können.

Das fest installierte Außengehege Mit einer Grundfläche von 3 × 2 m integriert sich das Gehege harmonisch in den kleinen Reihenhausgarten. Die geräumige zweistöckige Stallanlage erhöht den Bewegungsraum auf über 7 m^2 Gesamtfläche. Für den Bau wurde unbehandeltes Naturholz in Verbindung mit 1,45 mm starkem Volierendraht (Maschenweite: 19 × 19 mm) verwendet. Das Gehege ist begehbar, wodurch alle anfallenden Arbeiten enorm erleichtert werden. Die komplette Überdachung schützt vor Regen sowie Schnee und verhindert, dass der Erdboden zuschlammt. Aufgrund der luftigen, offenen Bauweise entsteht im Sommer kein Hitzestau. An den vertikalen Holzpfosten wurden von außen Querleisten angeschraubt. Hier schiebt man im Winter 100 cm hohe Acrylplatten zwischen Leisten und Volierendraht (Schrauben nicht ganz anziehen!). Diese schützen vor allzu eisiger Zugluft.

Das mobile Freigehege Die Gitterelemente aus dem Zoofachhandel sind minutenschnell aufgestellt und genauso bequem wieder wegzuräumen, z. B. zum Rasenmähen. Je nach Anzahl der eingesetzten Gitterelemente entsteht so ein zusätzlicher Auslauf zwischen 10 und 20 m^2. Die Innengestaltung: ein »Dach« aus Weidenzweigen, ausgehöhlte Baumstämme, ein Unterschlupf aus vier Dachpfannen, eine Baumwurzel, Holzstücke mit Rinde, Korkstücke und ein Körbchen mit leckerem Kräuterheu.

Hinweis Tiere hier nur unter Aufsicht laufen lassen!

Wichtige Überlegungen zu Planung und Bau

Wenn Sie planen, Ihre Kaninchen ganzjährig draußen zu halten, sollten Sie einige Grundregeln beachten. Diese resultieren aus langjähriger Praxiserfahrung vieler Kaninchenhalter und helfen Ihnen, typische Anfängerfehler zu vermeiden.

Genehmigung einholen

Ein geräumiges und abgesichertes Außengehege ist eine bauliche Maßnahme, die darüber hinaus Eingriffe in den Garten, z. B. Erdaushub, erfordert. Holen Sie sich vor Baubeginn das schriftliche Einverständnis Ihres Vermieters ein. Ab einer gewissen Größe ist es auch als Haus- und Grundbesitzer ratsam, die zuständige Gemeinde über Ihr Bauvorhaben zu informieren. Die Bestimmungen sind nämlich recht unterschiedlich. Noch ein guter Tipp: Gestaltet man das Freigehege so, dass es bei einem späteren Umzug zerlegt und wieder aufgebaut werden kann, spart dies viel Zeit und Geld!

Der richtige Standort

Alle Kaninchen sind sehr hitzeempfindlich und vertragen, wenn sie ganzjährig draußen leben, eher Kälte, Schnee und auch einmal einen Regenguss, als pralle Sonne und hohe Temperaturen. Beziehen Sie bei der Platzwahl des Geheges natürliche Schattenspender in Ihrem Garten mit ein wie etwa Bäume, Büsche und Hecken. Denken Sie auch an Ihre eigene Bequemlichkeit. Ein Freigehege, nahe am Haus gelegen, erspart Ihnen allzu lange Wege bei Regen, Schnee und Matschwetter. Auch gute Einsehbarkeit vom Haus aus ist wichtig, vor allem wenn die Kaninchen in einem nicht komplett gesicherten Zusatzauslauf unterwegs sind.

Pflegefreundlich bauen

Zweimal täglich füttern, regelmäßig Stall misten und Gehege säubern gehören mit zu einer verantwortlichen Kaninchenhaltung. Wollen Sie dies ohne akrobatische Verrenkungen und Rückenschmerzen erledigen, sollte das Gehege in aufrechter Haltung begehbar sein. Ob man ein Außengehege am besten komplett wetterfest überdacht, nur teilweise oder oben nur mit Volierendraht absichert, darüber gehen die Meinungen auseinander. Ein guter Wetterschutz von oben jedoch hält Boden, Inventar und Sie selbst bei Dauerregen und Schnee trocken. So kann auch der natürliche Untergrund aus Erde bestehen, ohne dass er verschlammt. Trockene Erde tritt sich schnell fest, und Köttelchen sowie Einstreu können Sie mithilfe eines Rechens entfernen (→ Fotos, Seite 23 und 29).

Rundum sicher und geschützt

Immer wieder erfahre ich vom Schicksal draußen gehaltener Kaninchen, die auf tragische Weise ums

Wie viel **Platz** braucht ein Kaninchen?

MINDESTGRUNDFLÄCHE Sie beträgt pro Kaninchen 2 bis 3 m². Planen Sie großzügiger, werden sich Mümmel & Co. freuen.

ETAGENSTÄLLE Sie schaffen Bewegungsraum nach oben, ohne mehr Fläche zu benötigen.

FITNESS Dafür sorgen beispielsweise erhöhte Aussichtsplätze und Kletterstege.

STALLANLAGE Sie wurde höhenmäßig dem abgeschrägten Gehegedach angepasst. Links 1,50 m, rechts 1,65 m hoch. Mit einer Gesamtlänge von 2 m und einer Tiefe von 0,80 cm pro Etage, entstand eine Bewegungsfläche von 3,2 m2. In der Stallbucht (rechts oben) erhielten die Kaninchen zusätzlich mittels Holzbrett ein erhöhtes Aussichts- und Ruheplätzchen. Über mehrstufige Etagen gelangen die Tiere von oben nach unten, über Durchschlupflöcher in alle Stallbereiche.

KNABBERSPASS Lassen Sie Ihre Kaninchen einen Teil ihres Futters selbst erarbeiten. Erhöht angebrachte Zweige (hier Haselnuss) regen Widderchen Luzy dazu an, ein wenig Fitness zu betreiben. Ein »Dach« aus verflochtenen unbehandelten Weidenzweigen bietet den Kaninchen im Sommer einen luftigen, schattigen Ruheplatz und darf ebenfalls beknabbert werden.

INNENEINRICHTUNG Im überdachten Außengehege: eine Plastikschale, gefüllt mit Heu oder Stroh, Holzstege, erhöht auf Baumstämmen, sowie weitere Häuschen.

Leben kamen, weil das Gehege nicht gründlich genug gesichert wurde. Deshalb nochmals mein Appell: Damit die Kaninchen gefahrlos im Außengehege leben können, muss es rundum sicher sein. So können Mümmel & Co. ihrerseits nicht ausbrechen und sind vor Feinden wie Marder, Füchsen, Hunden, Katzen oder Greifvögel geschützt. Es soll auch schon vorgekommen sein, dass Kaninchen gestohlen wurden!

Volierendraht Er ist punktverschweißt, verzinkt oder aus Edelstahl und hat sich in puncto Sicherheit und Haltbarkeit am besten bewährt. Man kann den Draht in Rollen (25 m) oder meterweise kaufen. Die jeweilige Maschenweite ist abhängig von der Drahtstärke. Ich empfehle Ihnen: 16 × 16 mm, 1,2 mm oder 19 × 19 mm, 1,45 mm.

Hinweis Kunststoffummanteltes Drahtgeflecht ist ungeeignet, weil es angeknabbert wird, ebenso eine Drahtstärke unter 1,00 mm.

Häsin Sunny schaut in den Weidenkorb, wo sich ihr Kaninchenpartner versteckt hat. Erst mal Heu knabbern oder gleich mitkuscheln?

Buddeln ja, ausbrechen nein! Gehen Sie nicht davon aus, dass Ihre Kaninchen keine Tunnel graben, sonst könnten Sie eines Tages vielleicht eine Überraschung erleben: Das Gehege ist leer, weil die Kleinen ausgebüxt sind oder sich ein Raubtier von draußen durchgegraben hat. Wie sichert man das Gehege entsprechend ab?

› Erdaushub mit Drahtgeflecht: Das Erdreich wird etwa 50 bis 60 cm ausgehoben. Auf den Boden legt man ein Drahtgeflecht, das am Rand hochgezogen und rundum mit den Gehegeelementen lückenlos verbunden wird. Danach den ausgeschachteten Boden wieder mit Erde auffüllen. Das Drahtgeflecht muss rostbeständig sein, Maschenweite nicht größer als 40 × 40 mm, sonst können die Kaninchen beim Buddeln darin hängen bleiben!

› Erdaushub mit Betonplatten: Statt des Drahtgeflechts wird der Boden mit Betonplatten ausgelegt. Den Volierendraht von außen etwa 40 cm weit von allen Seiten unter die schweren Betonplatten verlegen. Danach alles wieder mit Erde auffüllen.

› Terrassenplatten: Manchmal ist ein Erdaushub im Garten kaum durchführbar, wenn beispielsweise das Erdreich von großen Bäumen zu stark durchwurzelt ist. Für diesen Fall können Sie das gesamte Gehege mit Terrassenplatten auslegen, wobei auch hier der Volierendraht von außen rundum etwa 30 bis 40 cm unter die Platten gezogen werden muss. Bei dieser Lösung sollte man den Kaninchen jedoch unbedingt eine Buddelmöglichkeit anbieten.

Boden und Einstreu

Am frischen Grün knabbern und auf der Wiese hoppeln, welches Kaninchen mag das nicht? In einem fest installierten Gehege ist Gras jedoch der Dauernutzung durch die Tiere nicht gewachsen und zudem schlecht zu reinigen. Im überdachten Bereich

Das abgebildete Pyramidengehege haben Marline und ihr Mann gebaut. Hier leben zwei kastrierte Kaninchenböcke zusammen in einem geräumigen und abwechslungsreich gestalteten Außengehege. Weitere Informationen und Bilder im Detail finden Sie auf der folgenden Doppelseite.

kann die ausgehobene Erde wieder aufgeschüttet werden. Keine gedüngte Blumenerde verwenden! Preisgünstig und unbedenklich für Kaninchen ist Spielkastensand. Gut geeignet sind auch grobe Buchenspäne (Heimtierbedarf) und Weichholzgranulat (Pferdeeinstreu). Beide Produkte durchlaufen spezielle Heiz- und Trocknungsverfahren, sind saugfähig, staubarm und enthalten keine schädlichen Stoffe. Anders verhält es sich mit Rindenmulch aus dem Gartenbedarf, von dem ich abrate.

Extratipps zum Bau

› Stützpfeiler des Geheges (70 × 70 mm Vierkanthölzer), die in die Erde versenkt werden, verrotten. Setzt man diese in sogenannte Einschlagbodenhülsen, ist das Holz geschützt, und der Sporn erleichtert zusätzlich das Einschlagen ins Erdreich.

› Eine flache Gehegeüberdachung kann durch Schnee und Laub sehr belastet werden, und Regen fließt nicht gut ab. Besser ist ein schräg abfallendes Dach oder gleich die Variante Pyramidengehege.

BLICK IN DEN STALL Dieses geschützte Schlafhäuschen wurde von außen an das Freigehege angebaut. Durch die PVC-Röhren (Durchmesser: 16 cm) und weitere Holzbrettchen unterhalb der Öffnungen gelangen die beiden Zwergkaninchen bequem rein und raus. Der Stall besteht aus 2 cm dicken wetterfesten Holzplatten. Das Dach, hier aufgeklappt, wurde zusätzlich mit Dachpappe verkleidet und – damit der Regen besser abfließen kann – schräg abfallend gebaut.

EINRICHTUNG Auf 9 m² wird in diesem Gehege viel Abwechslung geboten. Hier kann man sich prima verstecken, überall rauf- und runterhoppeln, kuscheln und hat unterschiedlich hohe mehrstöckige Aussichts- und Liegeplätze. Auch die Stege wurden speziell für die Kaninchen angefertigt, damit die Tiere einen guten Halt haben und nicht wegrutschen. Dies ist wichtig, weil Kaninchen nicht klettern können.

KUSCHELPLATZ Jetzt, Ende Oktober, liegen die beiden am liebsten ganz oben auf ihrem Ruheplätzchen, das durch die Rückwand und das beidseitige Kunststoffwelldach wettergeschützt ist.

Das Pyramidengehege

Eigentlich entspricht die Form dieses Außengeheges eher einem Zelt oder Spitzdach als einer Pyramide. Weil für diesen Gehegetyp jedoch die Bezeichnung »Pyramidengehege« inzwischen so eingeführt ist, habe ich den Namen beibehalten.

Angaben zum Gehegebau

Diese Anlage besteht aus insgesamt 8 Bauelementen. An jeder Längsseite aus 3 rechteckigen Modulen und jeweils einem dreieckigen Gehegeelement an der Front- und Rückseite. Alle Seitenschenkel sind 2 m hoch und 1,50 m lang. Dadurch ergibt sich eine Gesamtlänge von 4,50 m. Um einen Teilbereich trocken zu halten, wurden die beiden hinteren Elemente mit transparentem Plastik-Welldach verkleidet (→ Foto, Seite 25 links). Das Freigehege kann aufrecht begangen werden. An der Frontseite befindet sich die große Eingangstür (→ Foto, Seite 25 rechts). Damit die frechen Racker nicht zwischen den Beinen hindurch nach draußen entwischen können, wenn man das Gehege betritt, reicht die Tür nicht bis zum Boden hinunter. Ein 40 cm hohes Brett verhindert das Ausbüxen beim Öffnen der Tür. Mit einer Grundfläche von insgesamt 9 m² (4,5 m lang, 2 m breit) bietet dieses Freigehege den beiden dort lebenden Kaninchen viel Bewegungsraum. Zur Absicherung wurde Volierendraht verwendet und das Drahtgeflecht rundum 50 cm tief in den Boden eingegraben (→ Seite 24). Alle verwendeten Holzlatten sind nicht imprägniert, um die Tiere nicht zu gefährden, wenn sie daran knabbern.
Hinweis Achten Sie beim Standort auf einen ebenen Untergrund, sonst verzieht sich die Konstruktion und wird instabil!

Der separate Stall Er hat die Maße: 120 cm lang, 70 cm breit (→ Foto, Seite 26 oben). Die Stallhöhe ist dem abgeschrägten Dach angepasst und beläuft sich zwischen 60 und 70 cm. Aus Sicherheitsgründen sind die Kaninchen nachts in ihrem Stall untergebracht, und die beiden Durchschlüpfe werden mittels eines Schubers verschlossen. Bei zweistelligen Minusgraden wird das Gittertürchen zusätzlich mit einer transparenten PVC-Platte verhängt und das Schlafhäuschen außen mit Dämmplatten verkleidet. In einem normalen Winter haben es die beiden dank dicker Einstreu auch so warm genug, zumal der Stall auf vier Holzbeinen steht und somit vor Bodenfrost geschützt ist.
Sonnenschutz Im Sommer wird das Pyramidengehege großflächig mit luftdurchlässigen Strohmatten abgedeckt, die für den notwendigen Schatten sorgen (erhältlich im Baumarkt oder Gartencenter).

Zur Gehegestruktur und Gestaltung

Die Einrichtung des Geheges ist sehr abwechslungsreich und besteht zum größten Teil aus massivem Holz. So wird Kaninchens Nagetrieb ausreichend befriedigt. Bringen Sie Ihren Fellnasen zusätzlich frische Zweige vom Spaziergang mit, dient dies ebenfalls der gesunden Knabberbeschäftigung (→ Seite 46). Damit es den Kaninchen nicht langweilig wird, sollten Sie hin und wieder einen der (mobilen) Einrichtungsgegenstände gegen etwas Neues austauschen. Schon eine einfache Obstkiste, gefüllt mit würzigem Herbstlaub, oder ein Körbchen mit duftendem Heu, vielleicht einmal eine Sorte mit Kamille, erfreuen die kleinen Racker. Weitere Ideen zur Einrichtung finden Sie auf Seite 34 und 35.

Christins »Löwenburg«

Dieses Außengehege samt riesigem Gartenauslauf habe ich so benannt, weil es das Zuhause von insgesamt fünf Löwenkopfkaninchen ist: eine Sippe, bestehend aus zwei kastrierten Böcken und drei Häsinnen.

Das Kaninchenhaus

Ausgangsbasis war ein vorgefertigtes Gartenhaus aus Holz mit einer Grundfläche von 1,80 × 1,45 m (aus dem Baumarkt). Um den Innenraum für die Kaninchen interessanter zu gestalten, haben die Halter erhöhte Ebenen eingezogen. Da so ein handelsübliches Gartenhäuschen keinerlei Isolierung besitzt, musste es natürlich für die Fellnasen noch winterfest gemacht werden. Dazu wurde das Holzhaus innen mit Styropor ausgekleidet, und darüber kam eine Vertäfelung aus Nut- und Federbrettern. Eine weitere Überlegung war, wie man die vorhandene Bodenplatte des Holzhauses davor schützt, sich mit Urin vollzusaugen. Denn auch bei dicker Einstreu kann dies nicht gänzlich vermieden werden. Eine praktische Problemlösung: Die gesamte Bodenfläche wurde mit dicker Teichfolie ausgelegt, die am Rand etwa 10 cm hochgezogen und dann festgetackert wurde. Damit Mümmel & Co. die Folienecken nicht anknabbern, kamen Holzleisten über die Abschlusskante. Ein Blick in das Kaninchenhaus von der Eingangstür aus sehen Sie auf dem Foto Seite 28. An der langen Kette, rechts im Bild, hängt eine Gitterkugel, die man beispielsweise mit Heu befüllen kann.

Mittagsruhe im Heukistchen beendet. Flugs die Treppe herunterhoppeln, Durchschlupf passieren und ab nach draußen ins Gehege.

Das Außengehege

Es ist fest mit dem Gartenhaus verbunden. Durch eine Öffnung in der Wand können die Kaninchen jederzeit entscheiden, wo sie sich lieber aufhalten – drinnen oder draußen.
Auf dem Foto Seite 28 erkennt man den Durchgang unterhalb des Kaninchenaufstiegs zur oberen Etage. Das Foto auf Seite 29 links zeigt den Zugang von der anderen Seite her.

Über Nacht hat Micki ein tiefes Loch gebuddelt. Nur gut, dass hier alles abgesichert ist, sonst wäre Micki vielleicht schon in Nachbars Garten!

Die Tür des Freigeheges ist offen. Nun kommt einer nach dem anderen herausgehoppelt, um im Auslauf am saftigen Grün zu knabbern.

› Die Grundfläche des Geheges beträgt 4,50 × 2 m. Es gibt eine zweite Etage mit den Maßen 0,8 × 2 m, die als erhöhte, geschützte Liegefläche dient.

› Das Gehege ist 2,10 m hoch, der linke Anbau fällt schräg ab und hat eine Höhe von 60 bis 80 cm (→ Foto oben rechts).

› Die Gehege-Abdeckung besteht aus Gitterelementen. Der erhöhte Liegebereich der Kaninchen wurde außerdem oben mit Teichfolie geschützt. Sie hält Regen und Schnee ab und sorgt im Sommer für zusätzlichen Schatten.

› Die gesamte Abdachung im Freigehege und dem Holzhaus verläuft abgeschrägt nach hinten.

› Zum Schutz vor Fäulnis wurden die Gitterelemente an den Ecken auf Pflastersteine gesetzt, sodass keine direkte Bodenberührung besteht (2 cm Luft dazwischen).

› Es besteht eine komplette Rundumsicherung wie auf Seite 22 beschrieben mit Erdaushub und Drahtgeflecht. Wie man auf dem Foto oben links gut erkennen kann, ist dieser Schutz dringend nötig…

› Im Freigehege befinden sich weitere Schutzhäuschen, ein Tunnel aus sogenannten Pflanzringen (aus dem Baumarkt), ein Holztisch mit abgesägten Beinen sowie eine Korkröhre.

Der Zusatzauslauf

Wenn die Halter daheim sind, wird die Gehegetür geöffnet, und die gesamte Kaninchensippe darf sich auf 60 m² Wiesenfläche austoben. Dieser Freilauf ist so groß, dass die Umzäunung auf dem Foto oben rechts nicht mehr mit aufs Bild passte. Der Gartenzaun wurde 40 cm hoch mit feinmaschigem Drahtgeflecht gegen Durchschlüpfen abgesichert.

Bepflanzung Bäume und Sträucher im Freigehege und Zusatzauslauf spenden natürlichen Schatten, müssen aber mit einem Drahtgeflecht geschützt werden, um den Kaninchenzähnen standzuhalten. Einige empfehlenswerte Pflanzen, die Sie schneiden und verfüttern können, finden Sie auf Seite 30. Für Kaninchen giftige Pflanzen sind im Internet nachzulesen (→ Adressen, Seite 62).

Tinas Tierparadies im Garten

Die Ausgangsbasis für dieses Gehege bildete das ehemalige Gartenhaus, welches »zweckentfremdet« und innen für die tierischen Bewohner neu eingerichtet wurde. Das Holzhaus ist im Freigehege integriert und umschließt es an zwei Seiten. Auf insgesamt 14,4 m^2 Grundfläche leben hier ein kleines Kaninchen- und Meerschweinchenrudel seit Jahren harmonisch zusammen, da jeder seine Artgenossen hat. Die Kaninchensippe besteht aus zwei kastrierten Rammlern und einer Häsin, die Meerschweinchengruppe aus zwei Weibchen und einem kastrierten Bock.

Ein Gartenhaus für Tiere

Komplett isoliert und oben mit einem Ziegeldach versehen, ist es der geschützte trockene Rückzugsbereich für alle tierischen Bewohner. Wenn es regnet und schneit, sind die empfindlicheren Meerschweinchen die Ersten, die sich in das Gartenhaus zurückziehen. Die robusteren Kaninchen bleiben zumeist lieber draußen oder suchen die Unterstände im Außengehege auf. Die Holzhütte hat eine Grundfläche von 3,70 × 2 m. Sie wurde innen mit zusätzlichen Häuschen ausgestattet, und über Stege gelangen die Tiere auf ihre erhöhten Ruheplätze. Sogar einen Blick durchs Fenster nach draußen können die Vierbeiner genießen. Im Sommer wird das Glasfenster ausgehängt, damit durch das verbleibende Gitter genügend Frischluft eindringen und innen kein Hitzestau entstehen kann.

Der Freiluftbereich

Dieser Teil des Außengeheges wurde bewusst oben nicht wettergeschützt abgedeckt, sondern ausschließlich mit Volierendraht gegen eindringende Raubtiere abgesichert. So können Kaninchen – wie in der Natur – auch Schnee oder einen warmen Sommerregen erleben. Das genießen viele Kaninchen, die ganzjährig draußen gehalten werden. Es sind ausreichend geschützte Unterstände vorhanden, doch jedes Tier kann jederzeit ins Gartenhaus schlüpfen, dessen Tür im Sommer geöffnet bleibt. In der kalten Jahreszeit gelangen die Tiere durch zwei Durchschlupflöcher in die Gartenhütte. Der Gehegeboden wurde nach einem 50 cm tiefen Erdaushub mit Drahtgeflecht – ebenso wie das Freigehege selbst – gesichert (→ Seite 24). Den Bodenbelag bilden Terrassenplatten, wobei ein Teilbereich ausgespart wurde. Hier dürfen die Kaninchen nach Herzenslust in der Erde buddeln. Das sorgt auch für einen natürlichen Krallenabrieb, ebenso wie das Laufen über die rauhe, harte Oberfläche der Steinplatten. Terrassenplatten, sofern sie nicht der prallen Sonne ausgesetzt sind, bevorzugen die Tiere im Hochsommer als kühlende Liegeflächen.

»Futterquellen« im eigenen Garten

KLETTERPFLANZEN Zur Begrünung des Gehegegitters eignen sich z. B. Wicken, Kapuzinerkresse oder Zaunwinde. Deren Grün kann regelmäßig geschnitten und verfüttert werden.

BÄUME UND STRÄUCHER Geeignet und sehr beliebt sind: ungespritzte Zweige von Kernobst (Apfel, Birne) und Haselnuss (→ Tabelle, Seite 43).

BLICK INS GEHEGE Während sich die Meerschweinchen ins Gartenhaus zurückgezogen haben, hoppeln die Fellnasen munter umher. Der Gehegeboden ist größtenteils mit Terrassenplatten ausgelegt. Und im ausgesparten Bereich können die Fellnasen auch einmal in der Erde buddeln. Da das Freigehege rundum abgesichert ist, kann sich kein Kaninchen durchgraben. Die Brennnesseln, die dort wachsen, werden geschnitten und leicht angewelkt an die Kaninchen verfüttert.

SEITENANSICHT Gerne hocken die Kaninchen auf einem der erhöhten Ruheplätze, denn so haben sie einen besseren Überblick. Das Gehege ist nicht überdacht, damit die Tiere auch einen warmen Regenguss oder Schnee genießen können. Trockene Rückzugsmöglichkeiten sind genügend vorhanden. Vor dem Gehege wächst ein Apfelbaum, dessen Zweige den Tieren eine gesunde Knabberkost bieten (→ Tabelle, Seite 43).

FUTTERSUCHE Felix, der Deutsche Riesenmix und der Größte in dem Rudel, beim Äsen. Saftige Grashalme, zwischendurch etwas Laub von der Weide – beides schmeckt dem Kaninchen.

Danis Gehege

Vielleicht erinnern Sie sich noch an die beiden Tierheimkaninchen Moni und Maxi, die ich bei mir im Haus auf die Außenhaltung vorbereitet habe (→ Seite 16). Beide zogen dann Mitte Januar in dieses herrliche Außengehege und konnten dort mit einer weiteren Häsin und einem kastrierten Bock erfolgreich vergesellschaftet werden (→ Seite 56). Weitere tierische Mitbewohner sind eine Gruppe Meerschweinchen, bestehend aus einem kastrierten Böckchen mit fünf Mädels. Alle zehn Tiere leben harmonisch miteinander, da sich in dieser kombinierten Gruppenhaltung jedes der Tiere mit einem Artgenossen innerhalb des Rudels in seiner Sprache »unterhalten« kann.

Das fest installierte Außengehege

Es besteht aus der Kombination Garten-/Gerätehaus mit anschließendem Außenbereich. Wenn man kein begnadeter Heimwerker ist oder die Zeit zum Bau nicht erübrigen kann, besteht die Möglichkeit – wie es hier der Fall war –, einen Schreiner damit zu beauftragen. Er hat das Holzhaus einschließlich des Freigeheges nach Maß angefertigt. Alles wurde von Anfang an so geplant und gebaut, dass die einzelnen Elemente (auch das Haus) bei einem späteren Umzug komplett zerlegt und wieder aufgestellt werden können.

Die Anlage mit dem 30 m² großen Zusatzauslauf, der mit der fest installierten Freivoliere verbunden ist.

Maxi jagt in weiten Sätzen durch den Auslauf. Wie gut, dass hier so viel Platz ist.

Holzhaus Im Innenbereich wurde ein Abteil abgetrennt (2 × 1 m groß) und als separate Box für die Meerschweinchen eingerichtet. Eine doppelwandige Isolierung an allen Seiten sorgt auch bei strengem Frost für den notwendigen zusätzlichen Wärmeschutz. Von Box und Auslauf im Gerätehaus führt ein kleiner Durchgang in die Außenanlage. Alle tierischen Bewohner können so frei zwischen beiden Bereichen wählen. Nur nachts wird der Durchschlupf mittels eines Schubers verschlossen, damit die kälteempfindlicheren Meerschweinchen in der Box geschützt untergebracht sind und vor den quirligen Kaninchen ihre Ruhe haben.

Der Außenbereich Hier steht den Tieren eine weitere Grundfläche von insgesamt 5 m^2 zur Verfügung. Das Dach des Gerätehauses verläuft schräg abfallend über das Gehege, sodass auch dieser Außenbereich oben wettergeschützt ist. Nach dem Erdaushub und der guten Rundumsicherung mittels Drahtgeflecht wurde die Erde wieder aufgefüllt und als natürlicher Boden im Gehege belassen (→ Seite 24). Im Außengehege befindet sich ein geräumiger Stall für die vier Kaninchen, damit sie ebenfalls ihren geschützten, warmen Schlafplatz haben. Der Stall verläuft über zwei Etagen. Er steht auf vier 40 cm hohen Beinen. Das erleichtert zum einen die Säuberung, zum anderen hält es Kälte und Zugluft vom Boden her fern. Seitlich vor dem Kaninchenstall befindet sich eine stabile Holzkiste, die es den Fellnasen ermöglicht, bequem in ihren Stall zu hoppeln. Die Holzkiste wird von den Kaninchen auch gern als erhöhter Ruheplatz genutzt und von allen Tieren als geschützter Rückzugsbereich. Die Kiste ist an drei Seiten geschlossen, vorne offen, und dies Plätzchen wird zusätzlich mit Stroh eingestreut. Zum Inventar des Freigeheges gehören ein weiteres Holzhäuschen sowie ein Korktunnel.

Geruchskontrolle. Wer war schon hier? Anschließend wird Maxi ihr Kinn am Haus reiben und es mit ihrem Duft markieren.

Der zusätzliche Auslauf

Auch Kaninchen im Außengehege freuen sich über jede Abwechslung und noch mehr Platz. Ein Zuviel kann es für die bewegungsfreudigen Racker eigentlich nicht geben. In diesem Garten wurden 30 m^2 Wiese zusätzlich eingezäunt und mit verschiedenen Unterschlüpfen eingerichtet. Obwohl Dani die Tiere von ihrem Arbeitsplatz im Wohnhaus gut beobachten kann, hat es Moni, die Ausbrecherkönigin, geschafft, auszubüxen. Dani staunte nicht schlecht, als sie nach einer kurzen Pause wieder an ihren Arbeitsplatz zurückkehrte und aus dem Fenster schaute. Direkt vor ihren Augen machte ein gelbweiß geflecktes Kaninchen Männchen. Und das war Moni. Nun musste der ursprüngliche Drahtzaun mit einer Maschenweite von 70 × 70 mm komplett mit feinmaschigem Drahtgeflecht (20 × 20 mm) nachgerüstet werden.

Kaninchens »Lieblingsmöbel«

Nur in einem gut strukturierten Gehege und Auslauf fühlen sich die Fellnasen rundum wohl. Damit erst gar keine Langeweile aufkommt, finden Sie hier einige Vorschläge, die den natürlichen Bedürfnissen der Kaninchen entsprechen.

1 Laubtipi

Legen Sie auf vier Natur- oder Ziegelsteine eine runde Holzplatte mit einem Durchmesser von 40 bis 50 cm. Ich habe auf dem Foto rechts eine vorgefertigte Hartholzbohle aus dem Gartenbau verwendet. Dann schneiden Sie etwa 80 bis 100 cm lange Zweige mit dichter Belaubung ab (wichtig, damit Schatten gespendet wird). Die Zweige oben fest zusammenbinden und wie ein Indianerzelt halbrund um die Bodenplatte stellen. Fertig ist ein luftiges Ruheplätzchen. Haselnuss- oder Hainbuchenzweige werden begeistert beknabbert.

2 Hängematte

Eine weitere Idee von mir, die leicht nachzubauen ist. Auf eine massive Holzplatte, 70 × 40 cm, 2 cm dick, schraubt man vier Holzstämmchen, etwa 5 cm dick, 60 bis 80 cm lang. Aus dem Zoofachhandel stammt die große Weidenbrücke (50 × 35 cm), die man in halber Höhe fest mit den vier Stämmen verschraubt oder verdrahtet. Es darf nichts wackeln, denn dies mögen Kaninchen nicht!

3 »Schattenzelt« und Raumteiler

Dieses »Zelt« aus geflochtenen Weidenruten ist bei meinen Kaninchen der absolute Hit. Ein knabberfreundlicher, sehr luftiger Schattenplatz im sommerlichen Auslauf (→ Adressen, Seite 62). Dazu sogenannte Beetrollis (aus dem Gartencenter), die ich wie ein kleines Labyrinth im Auslauf aufstelle. Für Kaninchen eine spannende Angelegenheit, wenn sie sich in ihrem gewohnten Umfeld wieder neu orientieren müssen.

4 Amphore

Ein wettergeschütztes, dunkles Versteck, so wie es Kaninchen lieben. Der Ton kühlt gut, wenn man die Amphore in den Schatten legt. In der kalten Jahreszeit innen mit Stroh oder Heu warm auspolstern.

5 Baumhöhle

Ausgehöhlte Baumstämme sind ideal für jedes Außengehege und stabiler als Korkröhren. Kaninchen lieben diese Baumtunnel.

6 Baumstämme

Baumstümpfe und Holzblöcke werden von Kaninchen gern als erhöhte Aussichtsplätze benutzt. Hauptsache, sie sind massiv und standfest. Sie dürfen weder wackeln noch umkippen.

Tunnel und **Verstecke**

PFLANZRINGE Sie sind im Baumarkt erhältlich. Einzeln aufgestellt ergeben Pflanzringe wettergeschützte Verstecke. Aneinandergefügt kann man mit ihnen auch wunderbare Tunnel bauen, die vom Durchmesser her auch für die großen Langohren geeignet sind. Unter einem Erdhügel oder Sandhaufen verlegt, bereitet solch ein Tunnel den Fellnasen doppelte Freude.

1

2

3

4

5

6

Pilars Balkon-»Hasienda«

Wer seine Kaninchen das ganze Jahr über draußen halten möchte, muss nicht unbedingt einen Garten besitzen. Auch auf dem Balkon können Sie Ihren Fellnasen ein Zuhause einrichten, in dem sie sich das ganze Jahr über wohlfühlen. Das Foto-Beispiel auf dieser Seite ist ein »lebender Beweis«.

Hoch oben wohnen

Im fünften Stock, über den Dächern von München, erhielt ein Kaninchenpärchen sein kleines Paradies.

› Die Grundfläche dieses Balkons beträgt 3,3 m × 1,3 m, also insgesamt 4,29 m².

› Durch den darüberliegenden Balkon ist der Auslauf von oben her wettergeschützt. Die vorhandene 1 m hohe komplett geschlossene Brüstung schützt vor dem starken Wind im fünften Stock.

Der dreistöckige Außenstall bietet den Kaninchen Schutz und fördert ihre Fitness, wenn sie dort hinauf- und hinunterhoppeln.

› Das Katzennetz dient in erster Linie dem Schutz vor Raubvögeln, denn schon einmal hat ein Bussard versucht, ein Kaninchen vom Balkon zu rauben – und das mitten in der Stadt!

› Auf den ursprünglichen Estrich verlegten die Halter sogenannte Terrassen-Dielenbretter. Auf diesem naturbelassenen Holzboden rutschen die Kaninchen nicht, er ist pflegeleicht und isoliert gegen die Kälte vom Boden her.

› Abwechslungsreich gestaltet: Vorne rechts im Bild ein Grastunnel, links davon steht das Buddelkistchen, gefüllt mit Spielzeugsand.

› Die Hütte ist selbst gebaut, sehr geräumig und hat vorne sowie hinten seitlich jeweils einen Eingang. An der Fensterfront stehen Wassernapf und Futterschüssel, die der Kaninchenmann gerade ansteuert, um zu schauen, ob es heute, zum Fototermin, ein besonderes Leckerli gibt.

› Der Weidenkorb vor dem Stall wurde mit trockenem Herbstlaub gefüllt, welches beide Kaninchen gern fressen. In den Balkonkästen wachsen verschiedene Küchenkräuter zur Ergänzung des Speiseplans für Mensch und Kaninchen.

Der Stall Er misst jeweils 1,2 m × 0,6 m auf insgesamt drei Ebenen. Der unterste Teil ist ein handelsüblicher Außenstall, die beiden oberen Stockwerke sind »Marke Eigenbau«. Vor der Aufstockung wurde das Dach einfach abgenommen und danach wieder oben draufgesetzt. Das Gittertürchen am untersten Stall wurde durch eine Holztür ersetzt (im Foto ist die Tür allerdings offen), damit ein warmer Unterschlupf für den Winter und bei schlechtem Wetter entsteht. Auch die beiden Gittertüren der oberen Stallebenen nehmen nicht die gesamte Breite des

»Hasienda«, so heißt das Zuhause für das glückliche Kaninchenpaar, das dort das ganze Jahr über leben darf. Pilar hat ihren Balkon nicht nur sehr abwechslungsreich gestaltet, sondern auch mit so viel Liebe zum Detail, dass er ein kleines Schmuckstück geworden ist.

Stalls ein, um den Tieren auch hier einen geschützten Bereich zu bieten. Mittels Häuschen und Brettchen können die Kaninchen durch Einstiegslöcher bequem in jede Etage gelangen.

› Im Winter werden Plexiglasscheiben vor die Gittertüren geschoben, damit es die beiden kleinen Racker warm haben. Und im Sommer liegen die Kaninchen gern unter dem Stall, weil es hier herrlich kühl bleibt. Jedenfalls scheinen die beiden mit ihrer »Penthouse-Wohnung« sehr zufrieden zu sein.

Überlegungen zur Planung

Sie möchten Ihre Kaninchen das ganze Jahr über draußen halten, haben aber keinen Garten? Wenn Ihre Wohnung über einen Balkon verfügt, kann man auch hier den Kaninchen ein schönes Zuhause gestalten – vorausgesetzt, Ihr Balkon ist groß genug und die Lage stimmt.

Himmelsrichtung Kaninchen, die ganzjährig draußen leben, sind den dort herrschenden Wetterverhältnissen ausgesetzt. Auch wenn ein Balkon am Haus einen gewissen Schutz bietet, kann es hier im Sommer brütend heiß werden und im Winter eisig kalter Wind hineinblasen. Ideal sind alle Balkons, die nur morgens oder am späten Nachmittag von der Sonne beschienen werden. Weniger geeignet ist eine Ausrichtung zur sogenannten Wetterseite (Nordwesten). Aus dieser Himmelsrichtung kommen die Schlechtwetterfronten. Wind und Sturm drücken Schnee und Regen herein, sodass es hier stets zu feucht und vor allem zugig ist. Solch ein Balkon müsste großflächig wettergeschützt werden. Völlig ungeeignet für die Kaninchenhaltung ist ein Balkon auf der Südseite des Hauses. Im Sommer können hier Temperaturen von über 30 Grad auftreten. Eine Qual für die hitzeempfindlichen Kaninchen, die infolgedessen an einem Hitzschlag sterben können! Die Abschattung durch eine Markise oder einen Sonnenschirm reicht nicht aus, da sich die Hitze staut und das Mauerwerk noch bis in den Abend hinein Wärme abstrahlt.

Platz Vor allem im Winter ist es wichtig, dass sich die Fellnasen durch ausreichende Bewegung warm halten. Bei zwei Kaninchen sollte die Auslauffläche nicht kleiner als 4 m² sein, besser 6 m². Kleinere Balkons können Sie in der warmen Jahreszeit durch einen Zugang zum Wohnraum erweitern.

Auch auf diesem Balkon leben zwei Kaninchen das ganze Jahr über draußen. Im Bildhintergrund erkennt man den winterfesten Außenstall, dazu unterschiedliche Versteckmöglichkeiten.

Sicherheit Kaninchen schlüpfen durch kleinste Lücken und überspringen sogar Geländer, die mehr als 80 cm hoch sind! Deshalb muss die Brüstung überall, wo sie Lücken aufweist, besonders in Bodennähe, aber auch nach oben hin, gut gesichert werden. Mit einem Katzennetz aus Nylon kann man nur einen höher gelegenen Balkon und nur oberhalb der Brüstung absichern (→ Foto, Seite 37). Solche Nylonnetze reichen nicht als Schutz aus, wenn sie sich in Reichweite der Kaninchen befinden bzw. zur Sicherung ebenerdiger Balkone. Kaninchen und Marder beißen die Netze in null Komma nichts durch! Hier muss mit einem Stahlgitter (17 × 17 mm oder 19 × 19 mm) abgesichert werden.
Hinweis Nicht in jeder Wohnanlage ist eine Balkonvernetzung gestattet. Das Vorhaben am besten schriftlich vom Vermieter genehmigen lassen!
Wetterschutz Wenn Ihr Balkon nach oben kein »Dach« besitzt, müssen Sie für trockene, geschützte Rückzugsbereiche sorgen. Ein Schutzhaus, noch besser ein Kaninchenstall und zusätzlich trockene Unterschlüpfe sind erforderlich. Kurzzeitiger Regen macht einem gesunden Kaninchen zwar wenig aus, aber ständig im Feuchten zu sitzen, das verträgt auch das robusteste Tier auf Dauer nicht.
Bodenbelag Balkone mit betoniertem Estrich oder Bodenfliesen sind rutschig und im Winter viel zu kalt. Auf dem Boden der überdachten, regengeschützten Fläche können Sie eine Reis- oder Maisstrohmatte legen oder einen Baumwollläufer (→ Foto, Seite 38). Manche Halter bauen eine separate Einfassung und decken dort den Boden mit Kleintierstreu ab. Kunststoffrasen dagegen empfehle ich nicht. Er ist schlecht sauber zu halten und für Kaninchen schädlich, wenn sie ihn anknabbern. Der Holzbodenbelag in der »Hasienda« dagegen ist eine gute Lösung (→ Seite 36).

Die **Jahreszeiten** berücksichtigen

TIPPS VON DER KANINCHEN-EXPERTIN
Monika Wegler

TEMPERATURWECHSEL Kaninchen aus einer Innenhaltung erst nach draußen setzen, wenn im Mai die Frostnächte vorbei sind. In der kalten Jahreszeit dürfen Kaninchen, die draußen leben, keinesfalls »zum Aufwärmen« in die warme Wohnung geholt und später wieder raus ins Freie gesetzt werden. Das ist absolut gesundheitsschädlich für die Tiere.

IM WINTER Jetzt muss der Stall gut eingestreut werden. Auf den Boden kommt eine 10 cm dicke Schicht Kleintierstreu aus unbehandelten Weichholzspänen, die den Urin aufsaugt. Darüber eine dichte Lage Stroh (Hafer- oder Weizenstroh).

IM SOMMER Wichtig sind in jedem Freigehege luftige Schattenplätze für die hitzeempfindlichen Kaninchen. Wenn Sie Laubbäume als natürliche Schattenspender nutzen, berücksichtigen Sie, dass die Sonne im Tagesverlauf wandert.

GESUNDHEIT Nur gesunde und geimpfte Tiere gehören in die Außenhaltung (→ Seite 51). Ein täglicher Gesundheitscheck ist Pflicht!

GESUND UND MUNTER

Damit die Kaninchen bei »Wind und Wetter« gut gerüstet sind, müssen sie topfit sein. Dafür sorgen eine gesunde Ernährung, die richtige Gesundheitsvorsorge und eine gewissenhafte Pflege.

Wie füttere ich meine Kaninchen richtig?

Ebenso wie die Wildkaninchen benötigen auch unsere Kaninchen in der Heimtierhaltung in erster Linie Pflanzenkost. Ihr spezielles Verdauungssystem ist auf eher nährstoffarmes und rohfaserreiches Futter eingestellt.

Grundnahrungsmittel Heu

Nicht umsonst nennt man es auch »das tägliche Brot der Kaninchen«. Etwa 70 % der Nahrung sollte aus Heu bestehen und den Kaninchen rund um die Uhr zur freien Verfügung stehen. Doch warum ist Heu eigentlich so wichtig?

› Kaninchen haben eine schwach bemuskelte Magenwand. Die Nahrung kann nur weitertransportiert werden, wenn von oben »nachgestopft« wird. Diese Aufgabe erfüllt Heu und ist damit unersetzlich.

› Das rohfaserreiche Raufutter hält die Verdauung in Gang und sorgt für eine zügige Darmpassage.

› Heu balanciert den Gärungsprozess aus und unterstützt somit die gesunde Darmflora.

› Es wirkt vorbeugend gegen die gefährlichen Haarverklumpungen im Verdauungstrakt, die sogenannten Benzoare (besonders wichtig bei allen Langhaarkaninchen).

› Heu macht nicht dick. Es ist eine ideale Diätkost bei Übergewicht und Magen-Darm-Problemen.

› Beim intensiven Zerkauen der Heuhalme werden die stets nachwachsenden Zähne der Kaninchen gut abgenutzt.

› Und wenn's mal langweilig wird, sorgt Heu für eine gesunde Knabberbeschäftigung.

Gutes Heu erkennen Es enthält möglichst unterschiedliche Gräser, Blüten und Kräuter, hat eine grünliche Farbe und duftet aromatisch. Staubiges und gelblich graues Heu ist meist alt und minderwertig. Finger weg auch von Heu, das noch feucht ist oder gar schimmelt. Dies kann schlimmste Koliken verursachen! Mein Tipp: Ich kaufe für meine kleinen Feinschmecker nur Wiesenheu aus biologischem Anbau. »Heumuffel« gibt es bei mir nicht. Meine Kaninchen verputzen ihr Heu säckeweise! Zur Abwechslung auf dem Speiseplan verfüttere ich ein- bis zweimal im Monat eine würzige, leckere Kräuterheumischung oder Heusorten, die Apfel beziehungsweise Karotte enthalten (aus dem Zoofachhandel). Heu mit Kamille ist besonders für Jungtiere gut geeignet und auch für Kaninchen, die eventuell einmal ein leichtes Verdauungsproblem haben.

Blätter und Zweige der Haselnuss: eine gesunde Knabberkost, die Kaninchen besonders gerne mögen.

Heu richtig anbieten Das Heu sollte nur in dem trockenen, geschützten Gehegebereich, am besten gleich im Stall und in handelsüblichen Gitterraufen, verfüttert werden. Wenn Sie das Heu auf dem Boden anbieten, verunreinigen es die Tiere zu schnell. Im ungeschützten Gehegeteil wird es durch Regen oder Schnee nass und verdirbt leicht.

Rund ums Trinken

Frisches sauberes Trinkwasser brauchen Kaninchen immer zur freien Verfügung. Auch wenn der Durst abhängig von der Witterung und Fütterungsweise ist, hat noch kein Kaninchen »einen über den Durst« getrunken. Aber schon so manche Fellnase hat Durst gelitten, vor allem, wenn in der heißen Jahreszeit nicht ausreichend Wasser angeboten wurde. Leitungswasser ist in der Regel völlig ausreichend, da es meist von guter Trinkqualität ist. Nur stark gechlortes Leitungswasser sollte man vorher abkochen und abgekühlt anbieten. Bei hoher Nitratbelastung des Trinkwassers ist es gesünder, wenn Ihre Kaninchen stilles Mineralwasser trinken.

Hinweis Milch ist für Kaninchen generell tabu. Verdünnten Kamillentee setzt man nur zu therapeutischen Zwecken ein.

Wasser richtig anbieten Ideal sind schwere Steingutnäpfe aus dem Zoofachhandel (Durchmesser: 16 bis 18 cm, 8 cm tief). Kaninchen trinken gern daraus, denn es entspricht ihrem natürlichen Trinkverhalten, und im Sommer bleibt das Wasser schön kühl darin. Damit der Napf nicht zu schnell mit Einstreu verschmutzt, stellt man ihn auf eine etwa 5 cm dicke Steinplatte oder einen erhöhten Liegeplatz.

Leichte Plastiknäpfe kippt ein Kaninchen um, und manche knabbern an dem ungesunden Material. Der Zoofachhandel bietet inzwischen auch Nippeltränken an, die nicht mehr tropfen und in der Spülmaschine gereinigt werden können. Das Kaninchen trinkt aber mit unnatürlich abgeknickter Kopfhaltung daraus. Außerdem ist es für das Tier mühsam, ausreichend Flüssigkeit aus dem engen Flaschenhals zu saugen. Deshalb empfehle und verwende ich lieber Steingutnäpfe.

Im Winter Stellt man den Wassernapf in den geschützten Innenbereich des Außengeheges auf einen erhöhten Platz, z. B. einen kleinen Holztisch mit abgesägten Beinen, friert das Wasser nicht so schnell ein. Sollte es trotzdem über Nacht zufrieren, werden die Kaninchen nicht gleich verdursten. Wechseln Sie das Wasser morgens gegen frisches aus, und kontrollieren Sie die Näpfe mehrmals am Tag (→ SOS – was tun?, hintere Klappe).

Pflanzenkost ist Trumpf

Neben Heu gibt es für Kaninchen nichts Gesünderes als das, was die Natur zu bieten hat. Wildkaninchen fressen unterschiedlichste Gräser, Wildkräuter, Knospen, Blätter, Rinde und zarte Wurzeln.

Im Garten Reservieren Sie dort eine Fläche für Ihre Tiere, und legen Sie eine Naturwiese an. Dies sieht schön aus, schmeckt Ihren Kaninchen, und Sie helfen damit auch den Bienen, Schmetterlingen und vielen anderen Tieren. Spezielles Saatgut für eine Wildblumenwiese kann man im Internet bestellen. Auch ein kleines Beet mit Küchenkräutern

Empfehlenswertes **Grün- und Saftfutter**

FUTTERPFLANZEN ZUM SAMMELN		AUS KÜCHE UND GARTEN	
WILDPFLANZEN	Alle Gräser, Löwenzahn, Ackerwinde, Wegerich, Huflattich, Melde, Gänsefuß, Vogelmiere, Wicke, Weißklee, Luzerne, Walderdbeere, Gänseblümchen	GEMÜSE	Karotte mit Grün, Fenchel, Stauden-und Knollensellerie, Brokkoli, Gurke, Zucchini, Pastinake, Steckrübe, Speisekürbis, Topinambur, Salate (Eisberg, Endivien). In kleinen Mengen probieren: Chinakohl, Kohlrabi, Blumenkohl, Grünkohl, Wirsing
HEILKRÄUTER	Ringelblume (Calendula), Kamille, Wiesensalbei, Schafgarbe		
KNABBERKOST	Reichlich: Zweige/Knospen/Blattgrün von: Haselnuss, Kernobst, Heidelbeer-, Johannisbeerbusch, Hainbuche. Kleine Mengen: Ahorn, Birke, Erle, Linde, Pappel, Weide	GEWÜRZKRÄUTER	Dill, Kerbel, Liebstöckel, Petersilie, Basilikum
		OBST	Apfel, Birne, Erdbeere, Himbeere (als Leckerbissen zwischendurch)

NICHT FÜTTERN Zweige von Steinobstsorten, Eiche, Kastanie, Rotbuche (Eibe und Thuja sind giftig!), Zwiebelgewächse, Porree, Hülsenfrüchte, Aubergine, Avocado, Rhabarber (rohe Kartoffeln und Kraut, grüne Tomate, Tomatenblätter, rohe Bohnen sind giftig!)

Die wichtigsten Fütterungsregeln

Bei der gesunden Ernährung von Kaninchen geht es einerseits um die richtige Kost, andererseits auch darum, wie sie angeboten wird. Wenn Sie bestimmte Fütterungsregeln beachten, vermeiden Sie gesundheitliche Beschwerden.

Tut gut

- + Obst und Gemüse waschen. Auch Grünfutter nur frisch anbieten. Reste am nächsten Morgen entfernen.
- + Führen Sie feste Fütterungszeiten ein. So merken Sie gleich, ob eines nicht zum Fressen kommt. Appetitlosigkeit ist oft ein erstes Krankheitsanzeichen.
- + Kaninchen brauchen rund um die Uhr Heu, ebenso frisches Trinkwasser.
- + Zwei- bis dreimal täglich kleine Portionen sind verträglicher als zu viel auf einmal.
- + Frischfutter und Wasser kann im Winter gefrieren. Regelmäßig kontrollieren und öfters austauschen.

Besser nicht

- − Jede abrupte Futterumstellung ist Gift für Kaninchen. Besser man tauscht in kleinen Portionen nach und nach aus.
- − Füttern Sie nie einseitig ausschließlich nur eine Sorte Grün- oder Saftfutter. Gut gemischt ist besser verträglich.
- − Kaninchen, die bisher kein Grünfutter bekommen haben, müssen Blatt für Blatt an diese Kost gewöhnt werden.
- − Nichts verfüttern, das gefroren, vergammelt, verschimmelt oder mit Schadstoffen belastet ist!
- − Ernähren Sie Ihre Kaninchen nicht mit ungeeignetem Trockenfutter. Dies verursacht Verdauungs- und Zahnprobleme.

versorgt Sie und Ihre Tiere mit würzigen schmackhaften »Zusatzvitaminen«. Natürlich können Sie auch Salat und Gemüse in Ihrem Biogarten anbauen und verfüttern. Übrigens, Kaninchendung ergibt einen guten Kompost, sofern man ihn sechs Monate lang fachgerecht kompostiert, bevor man ihn im Garten untergräbt.

Unterwegs sammeln Gute Sammelplätze sind: Unbebaute, meist verwilderte Grundstücke, Landschaftsschutzgebiete, ebenso alle Brachflächen, z. B. an Bahndämmen, Grünflächen auf Friedhöfen, umzäunte Spielplätze und große Parks.

Ungeeignete Standorte Pflücken Sie kein Grün am Rand viel befahrener Straßen (Belastung durch Abgase), auf Wiesen, wo Hunde ausgeführt werden (Krankheitsgefährdung durch Kot und Urin), am Rand von Ackerflächen (belastet mit Herbiziden und Pestiziden).

Ausgewogen und gut gemischt

Wildkaninchen fressen nie ausschließlich nur eine einzige Futterpflanze. Deshalb biete ich auch meinen Kaninchen ganzjährig das gesamte Grün- und Saftfutter stets nur als Mischung an, bestehend aus unterschiedlichen Sorten in kleineren Mengen. Mit dieser ausgewogenen Ernährungsweise habe ich langfristig beste Erfahrungen gemacht. Nachfolgend zwei Beispiele:

Sommermix Alle Arten von Gräsern, Löwenzahn, etwas Klee, Gänseblümchen, Wegerich, Schafgarbe.

Wintermix Wenn draußen nichts mehr wächst, dann bekommen meine Kaninchen einen gemischten Gemüseteller mit ein wenig Obst: Fenchel, Karotte (längs durchgeschnitten), Sellerie (schälen), ein wenig Eisbergsalat und einige Apfelviertel (Kerngehäuse entfernen). Meine Kaninchen fressen auch mit großer Begeisterung Kohlrabiblätter und Wirsing, wenn ich ihnen diese in kleinen Mengen untermische. Was ein Kaninchen mag und im Einzelnen verträgt, ist individuell recht unterschiedlich. Probieren Sie Neues immer erst in kleinen Portionen bei den Tieren aus. Beachten Sie bitte auch die Futtertabelle auf Seite 43.

Zwei Castor-Rex-Kaninchen. Eines knabbert an den Blättern des Apfelbaums, das andere nähert sich vorsichtig. »Darf ich auch mal kosten?«

Gesunde Knabberkost

Neben Heu knabbern viele Kaninchen auch gern am Stroh in ihrer Einstreu. Meine Tiere bekommen zweimal wöchentlich Zweige (→ Tabelle, Seite 43). Sie fressen am allerliebsten Haselnusszweige. Im Frühling biete ich die Zweige mit den jungen Knospen, im Sommer mit vollem Grün, im Herbst samt Laub an. Im Winter sollte man die gefrorenen Zweige vorher im Haus abtauen lassen. Das bekommt den Fellnasen besser. Auch an Wurzeln und großen Baumstücken mit Rinden knabbern Kaninchen gern. All dies beschäftigt die Tiere, fördert den natürlichen Zahnabrieb und ist auch durch den hohen Rohfaseranteil eine naturgemäße Zusatzkost für Mümmel & Co., die keine Figurprobleme schafft.

Abgelagerte Sekrete in den Geschlechtsecken monatlich mit einem Wattestäbchen, das in Babyöl getränkt ist, entfernen.

Trockenfertigfutter ja oder nein?

Wenn Sie Ihre Kaninchen nach meinen Empfehlungen ernähren, brauchen gesunde Tiere auch im Winter in der Außenhaltung keine weiteren Fertigfuttermischungen oder sonstiges Kraftfutter.

Erhöhter Energiebedarf Sollte jedoch aufgrund langer Kälteperioden oder bei einem sehr mageren Kaninchen erhöhter Energiebedarf nötig sein, dann geben Sie ein wenig Kraftfutter. Statt Brot (Weizen, Roggen) oder grobe Haferflocken empfehle ich Ihnen grobe Buchweizenflocken (aus dem Bioladen). Weizen, Roggen, Gerste und Hafer, das in den meisten Trockenfuttersorten enthalten ist, vertragen viele Kaninchen nicht. Bei Buchweizen jedoch handelt es sich um ein hochwertiges, glutenfreies Getreide, das besonders leicht verdaulich ist. Kaninchens Verdauungstrakt kann diesen Energieträger besser aufschlüsseln (etwa 1 Esslöffel am Tag für ein kleineres Kaninchen als grober Richtwert).

Empfehlenswert: Getrocknete Kräuter und getrocknetes Gemüse, am besten in ganzen Bestandteilen, ohne jede weiteren Zusätze!

Nicht verfüttern Alles, was Getreide, Mais, Nüsse, Zucker und Melasse enthält. Lesen Sie das Etikett auf der Futterpackung genau! Vor allem bunte Hochglanzverpackungen mit Bildern glücklicher Kaninchen auf Blumenwiesen, gepaart mit flotten Werbesprüchen, erweisen sich gern als Mogelpackungen! Auch Müsliriegel, Knabberstangen, Drops aus Joghurt sowie Mineral-, Kalk- und Salzlecksteine benötigt ein gesund ernährtes Kaninchen nicht. Im Gegenteil: Frisst es zu viel davon, wird es krank.

1 ZAHNKONTROLLE Sie ist wichtig, um die korrekte Stellung von Gebiss und Schneidezähnen zu erkennen. Überlange Zähne muss der Tierarzt kürzen.

2 OHREN SÄUBERN Nehmen Sie dazu ein sauberes Papiertaschentuch. Niemals Wattestäbchen verwenden, da man damit den Gehörgang im Ohr verletzen kann!

3 KRALLEN SCHNEIDEN Krallen, die sich nicht natürlich abnutzen und zu lang werden, müssen regelmäßig gekürzt werden.

Sauber und gepflegt

Gepflegte Tiere und ein sauberes Gehege – das ist mit die beste Gesundheitsvorsorge. Wer seine Kaninchen zudem aufmerksam beobachtet, merkt rechtzeitig, wenn sich ein Tier plötzlich anders als gewohnt verhält. Zusammen mit dem täglichen Körpercheck lassen sich so eventuelle Krankheiten rechtzeitig erkennen (→ Seite 55).

Ein schönes Haarkleid

Ebenso wie Wildkaninchen wechseln auch Kaninchen, die im Außengehege leben, jeweils im Frühling und im Herbst ihr Haarkleid. In dieser Zeit können Sie den Fellwechsel unterstützen, indem Sie Ihre Kaninchen einmal wöchentlich mit einer Naturborstenbürste in Wuchsrichtung bürsten. Löwenkopfkaninchen brauchen etwas mehr Pflege, da ihr Fell an den Stellen, wo es länger wächst, zum Verfilzen neigt. Am besten verwenden Sie hier spezielle Kämme und Bürsten aus dem Zoofachhandel, die auch für die Pflege von Langhaarkatzen eingesetzt werden. Leichte Knoten lösen Sie durch Druck mit zwei Fingern schmerzlos. Starke Knoten schneiden Sie mit einer Schere (mit abgerundeten Spitzen) ab.

Langhaar Vor allem die »Flauschis« unter den Kaninchen, deren langer Wolle die stützenden Grannhaare fehlen, verfilzen nur allzu schnell. Lassen Sie solche Tiere im Sommer am besten kurz scheren, damit sie nicht so unter der Hitze leiden. Da ihr angezüchtetes Wollkleid auch Regen und Schnee nicht gut abweist, bin ich der Meinung, dass diese Rassen eher für die Wohnungshaltung geeignet sind.

Hinweis Beobachten Sie, dass Kotpillen mit Haaren verkettet ausgeschieden werden, hat das Tier zu viel lose Haare beim Felllecken verschluckt. Ein wenig Paraffinöl über Kaninchens Lieblingsfutter beugt Haarballen (Bezoaren) vor und sorgt für eine zügige Darmpassage.

Krallen schneiden

Das Kaninchen hat stets nachwachsende Krallen, die ihm beim Tunnelgraben helfen. Können Ihre Kaninchen im Außengehege im Erdreich buddeln, nutzen sich die Krallen natürlich ab. Auch das Laufen über Steinplatten (mit rauer Oberfläche) fördert den Krallenabrieb.

Sind die Krallen trotzdem einmal zu lang geworden, lassen Sie sich das Krallenkürzen das erste Mal von einem Tierarzt oder Experten zeigen.

› Das Kaninchen besitzt an den Vorderpfoten fünf, an den Hinterpfoten vier Krallen.

› Schneiden Sie die Kralle mithilfe einer speziellen Krallenzange (aus dem Zoofachhandel) etwa sieben Millimeter über den Blutgefäßen (dem lebenden Teil) ab. Bei hellen Krallen scheint das sogenannte »Leben« gut erkennbar rötlich durch.

› Bei dunklen Krallen hilft es, diese von unten mit einer starken Taschenlampe anzuleuchten.

Das junge Blau-Loh-Kaninchen reinigt sein Fell mit Hilfe der Zunge. So bleibt sein Haarkleid stets trocken und sauber.

› Falls Sie trotz aller Vorsicht einmal die Blutgefäße verletzen, kurz ein sauberes Taschentuch auf die Verletzung drücken und die Stelle mit einem Sprühpflaster verschließen.

Gesunde Zähne

Die Zähne eines Kaninchens wachsen etwa 10 cm pro Jahr. Vor allem Grünpflanzen, Gemüse, Heu und Zweige sorgen für einen natürlichen Zahnabrieb. Körnerfutter dagegen und harte Pellets werden nicht ausgiebig genug zwischen den Backenzähnen zermahlen, sondern eher zerquetscht. Die Folge davon ist ein mangelnder Zahnabrieb mit schwerwiegenden gesundheitlichen Folgen.

Kontrolle Auf dem Foto Seite 47 oben habe ich eine Zahnkontrolle vorgenommen. Sie zeigt ein Kaninchen mit einer gesunden Gebissstellung und Zahnlänge. Hierbei greifen die vorderen Schneidezähne des Oberkiefers wie bei einer Schere knapp über die Zähne des Unterkiefers (Scherengebiss).

Zahnprobleme Als Laie kann man eine Kontrolle der tiefer liegenden Backenzähne nicht vornehmen. Beobachten Sie jedoch, dass die Haare um die Mundspalte durch herausfließenden Speichel verklebt sind und das Kaninchen »leer« kaut, müssen Sie es unverzüglich einem Tierarzt vorstellen.

Angeborene Gebissfehlstellung Hier können sich die Zähne nicht mehr auf natürliche Weise abschleifen und wachsen unkontrolliert weiter. Solch einem Kaninchen muss der Tierarzt die Zähne turnusmäßig (etwa alle vier Wochen) kürzen, sonst ist es nicht mehr in der Lage, Futter aufzunehmen. Gute Tierärzte »trimmen« die Schneidezähne mittels einer Zahnturbine. Werden sie nämlich mit einer Zange abgeknipst, besteht die große Gefahr, dass der Zahn längs splittert und die Wurzel verletzt oder gar zerstört wird.

Das gepflegte Kaninchen-Zuhause

Ein unsauberes Gehege ist eine ideale Brutstätte für verschiedenste Bakterien und begünstigt dadurch Krankheiten. Vor allem während der warmen Jahreszeit locken feuchte, mit Unrat durchsetzte Einstreu und Kot vermehrt die gefährlichen Fliegen an (Madenbefall!), und die Amoniakausdünstungen reizen die sensiblen Atemwege der Kaninchen. Im Winter sorgt nur absolut saubere und trockene Einstreu für die notwendige Wärme im Stall oder Schutzhaus. Hocken die Tiere dagegen im Feuchten, verkühlen sie sich und werden krank. Auch auf dem Gehegeboden und allen Ruheplätzen ist Sauberkeit oberstes Gebot. Die Kaninchen dürfen sich nicht auf kotverschmutzten Flächen aufhalten, denn die Erreger der Kokzidiose, einer gefährlichen Erkrankung des Verdauungstraktes, werden ausgeschieden und die Krankheitskeime von den Tieren bei der Fellpflege an den Pfoten wieder aufgenommen (→ Seite 52).

Tägliche Reinigung Alle Futter- und Trinknäpfe unter heißem Wasser abbürsten und gut abtrocknen. Frischfutter, das bis zum Morgen nicht gefressen wurde, wird entfernt.

Platt getretenes Stroh im Stall und in den Schlafplätzen mit der Hand so auflockern, dass die Kotbällchen nach unten in die Kleintierstreu fallen. Die speziellen Toilettenecken (oder Kistchen) vorsorglich täglich reinigen und alle Kotpillen vom Boden wegrechen oder wegkehren.

Einmal wöchentlich Die gesamte Einstreu in den Ställen und Unterkünften ausmisten und frisch einstreuen. Im Sommer alle beweglichen Einrichtungen unter fließendem Wasser abbürsten. Während der Frostperiode erfolgt die Reinigung am besten mit Rechen, hartem Besen, Schaufel und Spachtel (bei eingetretenem Kot auf den Liegeplätzen).

Umgang **ohne Stress**

EINE GEWISSE ZUTRAULICHKEIT Sie ist Voraussetzung dafür, dass Sie ein Kaninchen für die Gesundheitskontrolle hochnehmen können, um es zu untersuchen oder ihm Medikamente einzugeben. Sind die Tiere dagegen scheu, wird dieses Unterfangen zu einer sehr stressigen Angelegenheit für Mensch und Tier.

VERTRAUEN AUFBAUEN Füttern Sie immer wieder einmal besondere Leckerbissen direkt aus der Hand. Gehen Sie dazu auf Gesichtshöhe mit dem Tier (so wirken Sie weniger bedrohlich), und locken Sie es mit freundlicher Stimme.

STREICHELN Tun Sie dies nur, wenn das Kaninchen von sich aus dazu aufgelegt ist. Nicht jede Fellnase ist eine Schmusebacke, und mit »Zwangsknuddeln« erreicht man nur das Gegenteil.

RICHTIG AUFNEHMEN Nähern Sie sich dem Tier stets von vorne. Lassen Sie es kurz am flachen Handrücken schnuppern. Greifen Sie es ruhig, aber sicher am losen Rückenfell hinter den Ohren. Beim Hochnehmen unverzüglich mit der anderen Hand das Hinterteil abstützen, damit das Kaninchen nicht frei in der Luft hängt. Das Tier nie an den Ohren hochnehmen!

ZUR BEHANDLUNG Setzen Sie sich das Kaninchen auf den Schoß. Da es vorkommen kann, dass das Tier plötzlich einen wilden Befreiungsversuch startet, müssen Sie es stets gut festhalten! Lassen Sie sich anfangs am besten von einer zweiten Person helfen.

AN DIE TRANSPORTBOX GEWÖHNEN Stellen Sie die Box ins Gehege, geben Sie Heu und einige Leckerbissen hinein. So ist die Box schon vertraut und wird auf dem Weg zum Tierarzt nicht mit negativen Gefühlen verknüpft.

Das Kaninchen als Patient

Viele Gesundheitsprobleme und Krankheiten beim Kaninchen entstehen durch Haltungsfehler. Achten Sie auf eine gesunde Ernährung, Hygiene und Sauberkeit, artgerechte Unterbringung in der Außenhaltung, vorsorgliche Schutzimpfungen und eine freundliche, liebevolle Umgangsweise. Damit tragen Sie entscheidend zur Gesunderhaltung Ihrer Tiere bei. Trotzdem kann ein Kaninchen, genau wie andere Lebewesen, erkranken. Je früher Sie Anzeichen bemerken und rechtzeitig zum Tierarzt gehen, desto größer sind zumeist die Heilungschancen (→ Tabelle, Seite 55).

Krankes Kaninchen, und nun?

Bedenken Sie, dass jegliche Trennung vom Partner und ein Herausnehmen aus der Gruppe das erkrankte Kaninchen zusätzlich stressen. Dies senkt wiederum seine Immunabwehr und damit die Heilungsaussichten!

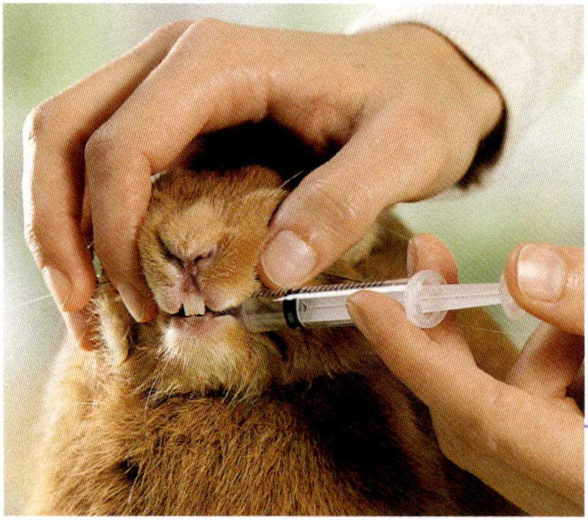

Mit einer Einwegspritze (ohne Nadel) kann flüssige Arznei seitlich ins Maul gegeben werden.

› Wenn möglich sollte das erkrankte Kaninchen im Außengehege bleiben und dort behandelt werden.
› Auch bei einer ansteckenden Krankheit bringt die sofortige Isolation wenig, denn bis sich die Symptome deutlich zeigen, haben sich die anderen Gruppenmitglieder meist schon angesteckt.
› Erkrankt ein Tier, sollten Sie mit Ihrem Tierarzt abklären, ob der oder die Artgenossen vorsorglich mitbehandelt werden müssen.
› Auch wenn Sie zum Tierarzt fahren, tröstet es den kleinen Patienten, wenn der Artgenosse in der Transportbox mitfährt. So verhindert man auch spätere Probleme beim erneuten Zusammensetzen.

Hinweis Manchmal kann ein Tier aber so schwer erkranken, dass es vor allem im Winter nicht mehr im Außengehege bleiben kann. Bei einer schweren Lungenentzündung beispielsweise oder wenn die Körpertemperatur rapide abfällt und der Patient sich aus eigener Kraft kaum noch bewegen und damit auch nicht mehr warm halten kann. Begehen Sie jetzt aber keinesfalls den Fehler und holen vor lauter Mitleid das erkrankte Tier zu sich in Ihr gut beheiztes Zuhause! Zum einen wäre dieser radikale Temperaturwechsel eine weitere Belastung für den kleinen Patienten. Zum anderen müssten Sie dann das Kaninchen für den Rest der kalten Jahreszeit im Haus behalten. Ein kühler bzw. mäßig temperierter Raum ist in diesem Fall für die Behandlungszeit empfehlenswerter. Und ist der Patient wieder gesund, geht es zurück ins Außengehege.

Sind Impfungen sinnvoll?

Noch immer sterben Hunderte von Kaninchen, weil ihre Halter sie nicht geimpft haben. Bei der Impfung muss das Tier absolut gesund sein.

RHD (Rabbit Haemorrhagic Disease), auch Chinaseuche genannt, ist eine ansteckende, tödlich verlaufende Viruserkrankung. Schutzimpfung ab der 8. Lebenswoche möglich, Grundimmunisierung (zwei Impfungen), jährliche Auffrischungsimpfung.

Myxomatose Bei nicht geimpften Tieren liegt die Sterblichkeitsrate bei 80 %. Auch hier muss das Kaninchen zweimal grundimmunisiert werden, möglichst vor der Mückenzeit im Frühjahr. Danach eine halbjährliche Auffrischungsimpfung.

Hinweis Es gibt einen neuen Kombiimpfstoff gegen RHD und Myxomatose. Das Tier kann ab der

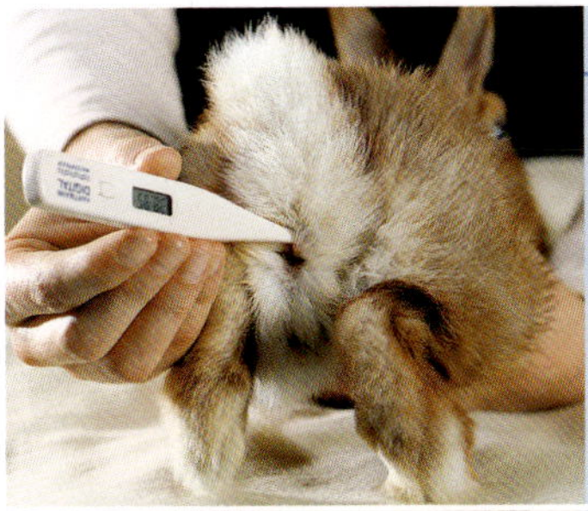

1 FIEBER MESSEN Im Krankheitsfall eines Tieres sollten Sie Fieber messen können. Verwenden Sie ein digitales Fieberthermometer, das Sie an der Spitze zuvor mit etwas Vaseline einfetten. Dies erleichtert ein schmerzfreies Einführen. Gemessen wird in der Afteröffnung, die sich oben an der Schwanzwurzel befindet. Die normale Körpertemperatur liegt bei 38,5 bis 40 Grad Celsius.

2 AUGENTROPFEN VERABREICHEN Mit der einen Hand das Kaninchen auf der Fläche fixieren und das Unterlid leicht nach unten ziehen. Dann vorsichtig die Tropfen in den Bindehautsack träufeln. Bei geröteten, gereizten Augen hilft das Naturheilmittel Euphrasia (Augentrost) aus der Apotheke. Bei verklebten Augen mit eitrigem Ausfluss umgehend zum Tierarzt gehen.

3 HITZSCHLAG Vor allem im Hochsommer eine Gefahr, wenn das Kaninchen nicht genügend kühlen Schatten bekommt. Liegt es völlig apathisch da, Nasenflügel weit aufgerissen, Schnauze vom Hecheln nass, und ringt nach Atem, sofort handeln! Das Tier in einen kühlen Raum bringen und ein feuchtes Handtuch über den Körper geben, bis die Körpertemperatur absinkt.

5. Lebenswoche geimpft werden. Vorteil: nur eine einmalige Grundimmunisierung (bisher zweimal). Die Immunität dauert 1 Jahr (bisher bei Myxomatose ½ Jahr). Ich habe alle meine Kaninchen damit impfen lassen und gute Erfahrungen gemacht.

Ansteckender Schnupfen Impfung empfehlenswert vor allem bei geschwächten Tieren. Diese muss jedoch getrennt (also zeitlich versetzt) von der Impfung gegen RHD und Myxomatose erfolgen!

Vorsicht: Fliegenmaden!

Viele von Maden befallene Kaninchen sind nicht mehr zu retten und müssen eingeschläfert werden.

Vorsorge Sobald es wärmer wird, sind Fliegen unterwegs. Mehr denn je gelten jetzt meine Empfehlungen zur absoluten Sauberkeit im Außengehege (→ Seite 49). Checken Sie jedes Ihrer Kaninchen einmal täglich am ganzen Körper durch. Achten Sie dabei auf kleinste Wunden und Verletzungen. Diese müssen umgehend desinfiziert und bis zur Ausheilung mehrmals täglich behandelt werden. Schwedenbitter oder Calendula-Tinktur sind beides Naturheilmittel, die ich dafür einsetze. Achten Sie auf kotverschmiertes oder urinnasses Fell um den Afterbereich. Fell vorsichtig wegschneiden, danach die Stelle mit Kamillenlösung abspülen und gut abtrocknen. Durchfallpatienten, geschwächte und übergewichtige Tiere sind besonders gefährdet.

Was passieren kann An allen verschmutzten, feuchten, verletzten Körperstellen und Öffnungen legen Fliegen ihre Eier ab. Die Larven entwickeln sich innerhalb von Stunden, bohren sich durch die Haut und können die arme Kreatur buchstäblich bei lebendigem Leib auffressen. Kämmen Sie das Kaninchen mit einem Flohkamm durchs Fell. Sobald Sie auch nur eine einzige Made entdecken, fahren Sie unverzüglich mit dem Tier zum Tierarzt!

»Schiefhalskrankheit«, E. cuniculi

Angeblich sollen schon 80 % aller Kaninchen mit diesem Erreger infiziert sein, ohne dass bei ihnen gesundheitliche Probleme auftreten. Warum es bei einem Tier ausbricht, hat vermutlich mit Stress, herabgesetzter Immunabwehr oder mit schlechten Haltungsbedingungen zu tun.

Das fällt auf Der Kopf wird schief verdreht gehalten, das Kaninchen hat Gleichgewichtsstörungen, kippt um, dreht sich im Kreis oder rollt sich auf dem Boden. Andere neurologische Störungen wie Lähmungserscheinungen an den Läufen können dazukommen.

Erreger E. cuniculi Protozoom (Einzeller), befällt das zentrale Nervensystem und auch die Nieren.

Behandlung Umgehend zum Tierarzt gehen. Diagnosebestimmung mittels Bluttest. Die Behandlung erfolgt zumeist mit einem Wurmmittel, welches auch zur Bekämpfung von Giardien eingesetzt wird. Parallel dazu eine Antibiotikatherapie und hoch dosierte Gaben von Vitamin B.

Darm-Kokzidiose

Auch hier sind viele Kaninchen latent infiziert und scheiden den Krankheitserreger aus, ohne selbst zu erkranken. Kommt es nun zu einer Belastung des Tieres durch Stress, andere Infektionen oder Fütterungsfehler, bricht die Erkrankung akut aus.

Das fällt auf Das Kaninchen verliert trotz Appetit an Gewicht und leidet an schlimmem übel riechendem Durchfall, zum Teil auch mit Blut vermengt.

Erreger Einzeller, die in den Zellen der Darmschleimhaut schmarotzen, einen mehrphasigen Entwicklungszyklus durchlaufen, mit dem Kot ausgeschieden und erneut vom Kaninchen wieder aufgenommen werden. Deshalb ist Sauberkeit im Kaninchengehege so wichtig (→ Seite 49).

Behandlung Umgehend zum Tierarzt gehen und eine Kotprobe mitnehmen! Zur Therapie werden Sulfonamidpräparate eingesetzt. Um den Kreislauf von Ausscheidung und Wiederaufnahme zu unterbrechen, muss alles desinfiziert und auf strikte Hygiene geachtet werden. Auch kein Futter mehr auf dem Boden anbieten!

Trommelsucht

Tritt diese schmerzhafte Krankheit akut auf, kann sie innerhalb von Stunden zum Tod führen.

Das fällt auf Aufgeblähte, stark gespannte Bauchdecke. Das Tier knirscht vor Schmerzen mit den Zähnen, leidet an Atemnot, hockt mit gekrümmtem Rücken da und trommelt mit den Läufen auf den Boden (daher der Name »Trommelsucht«).

Ursachen Fütterungsfehler wie z. B. eine radikale Umstellung, ein Zuviel von frischem, ungewohntem Grün, verdorbenes oder belastetes Futter, Folge von Vergiftungen (→ Seite 45).

Behandlung Gehen Sie unverzüglich mit dem Tier zum Tierarzt. Behandlung mit Spasmolytikum. Zu Hause sofort Grün- und Saftfutter absetzen. Reichen Sie Heu mit Kamille, dazu getrocknete Kräuter wie Schafgarbe oder Melisse. Zum Trinken krampflösenden Kümmel- oder Fencheltee anbieten.

Kaninchen sind Feinschmecker, die gerne mal zwischendurch von einem Apfel kosten. Bei Fallobst unbedingt darauf achten, dass es nicht faulig oder schimmelig ist, denn dies wäre schädlich!

Abszesse

Sie gehören leider bei Kaninchen zu den häufigen Erkrankungen.

Das fällt auf Sichtbare und tastbare Verdickungen unter der Haut. Kieferabszesse sind zumeist äußerlich nicht erkennbar. Anzeichen sind: sabbern, »leer« kauen, verminderte Nahrungsaufnahme, verbunden mit Gewichtsverlust (→ Tabelle, Seite 55).

Ursachen In kleinere Verletzungen auf der Haut (Rangordnungskämpfe, Bisse) dringen Bakterien ein, die eine eitrige Entzündung verursachen bis hin zu einer eitergefüllten Kapsel (Beule).

»Hallo, wer bist du?« Neugierig und ohne Scheu schaut dieses kerngesunde Langohr in die Kamera.

Kieferabszesse werden durch Zahnfehlstellung verursacht oder durch Fremdkörper, die sich festsetzen können, eine Entzündung verursachen und als Folge davon zur Abszessbildung im Maul führen.

Behandlung Bei den ersten Anzeichen zum Tierarzt. Keinesfalls selbst daran »herumdoktern«.

Unliebsame Plagegeister

Es würde den Rahmen dieses Ratgebers sprengen, alle Plagegeister, die ein Kaninchen befallen können, aufzuführen. Deshalb hier nur die häufigsten.

Zecken Die blutsaugenden Parasiten lauern an Gräsern und Sträuchern. Streift das Kaninchen eine Zecke, greift sie blitzschnell mit den starken Krallen ihrer Vorderbeine die Haut oder das Fell und klammert sich daran fest. Da Zecken anfangs sehr klein sind, kann man sie im Fell der Kaninchen schwer erkennen. Vollgesogen werden sie mit einer speziellen Zeckenzange entfernt. Vorsicht, der Zeckenkopf muss unbedingt mit herausgedreht werden.

Herbstgrasmilben Sie lauern – besonders im Herbst – auf Wiesen und siedeln sich bevorzugt an weniger behaarten Stellen an. Mit der Lupe sind sie als gelbliche Pünktchen zu erkennen.

Flöhe Wenn sich das Kaninchen vermehrt kratzt, kämmen Sie das Tier mit einem Flohkamm durch. Oder Sie setzen es auf ein weißes Blatt Papier. Herausfallender Flohkot ist als schwarze und rote Punkte erkennbar.

Behandlung Am besten mit dem Tierarzt besprechen. Es gibt inzwischen hervorragende biologische Mittel, die gut wirken und besser verträglich sind als die üblichen chemischen Keulen.

Fressen Kaninchen ihren Kot?

Kaninchen fressen nicht die üblichen trockenen Kotkügelchen, sondern ihren sogenannten Blinddarmkot. Und der ist reich an lebenswichtigen Vitaminen und Roheiweiß. Meist nimmt das Kaninchen den Blinddarmkot direkt vom After auf. Finden Sie in der Einstreu trotzdem mal »Träubchen«, die aus weichen, feucht glänzenden Kotpillen bestehen, dann handelt es sich hier um den wertvollen Blinddarmkot. Manchmal kommt es vor, dass das Kaninchen diesen vermehrt ausscheidet und dann im Stall platt tritt.

Hat die Häsin Monatsblutungen?

Immer wieder werde ich gefragt, ob die Häsin ihre Periode – wie eine Frau – bekommt. Klare Antwort: Nein! Die Häsin wird brünstig, und der Eisprung wird erst Stunden nach dem erfolgten Deckakt durch den Rammler ausgelöst.
Entdecken Sie Blut in der Einstreu, können aber keine offene Wunde an dem Tier entdecken, dann muss das Kaninchen unverzüglich dem Tierarzt vorgestellt werden. Entzündungen der Blase und der Nieren sowie eine Gebärmutterentzündung können blutigen Urin verursachen.

Bei diesen **Krankheitsanzeichen** umgehend zum Tierarzt

AKTIVITÄT	Das Tier ist apathisch, zieht sich zurück. Starke Unruhe (mit anderen Symptomen)
VERHALTEN	Es knirscht vor Schmerzen mit den Zähnen, trommelt mit den Läufen, dreht und rollt sich, Gleichgewichtsstörungen, Lähmungserscheinungen
FRESS-VERHALTEN	Verweigert jede Nahrung; frisst gut, magert aber trotzdem ab
FELL UND HAUT	Kahle schorfige Stellen; das Tier kratzt sich vermehrt, Entzündungen, Geschwüre und Anschwellungen
ATMUNG	Schnelle flache Atmung, bebt am gesamten Körper, Atemnot, Erstickungskrämpfe, Husten
KOPF	Hält den Kopf schief oder schüttelt ihn häufig
AUGEN	Schwellung der Lider, verklebte Augen, eitriger Ausfluss
OHREN	Schuppiger, borkiger Belag, knotige Anschwellungen
NASE	Eitriger Ausfluss; das Tier versucht ihn durch »Prusten« und mit der Pfote zu entfernen.
MAUL	Das Kaninchen hat vermehrten Speichelfluss; es sabbert.
BAUCH	Bauchdecke hart und gespannt, stark aufgetrieben und schmerzempfindlich
VERDAUUNG	Starker Durchfall, dünnflüssig, riecht unangenehm, eventuell sogar mit Blut vermischt; kein Kotabsatz, das Tier presst mit gekrümmtem Rücken
URIN	Schmerzlaute beim Wasserlassen, Blut im Urin
BEINE	Unnormale Stellung; das Kaninchen humpelt und versucht das Bein zu schonen

Kaninchen vergesellschaften

Warum man ein Kaninchen nie alleine halten sollte, habe ich bereits gleich zu Anfang dieses Ratgebers erklärt. Ideale Kombinationen für eine Zusammenstellung finden Sie auf Seite 14 und in meinem Tipp auf Seite 59. Häufig erhalte ich Zuschriften, dass Halter nach dem Lesen meiner Ratgeber zu ihrem Einzelkaninchen einen Artgenossen aufgenommen haben. Das freut mich natürlich außerordentlich.

Ein neues Kaninchen zieht ein

Alle Kaninchen sind sehr revierbezogen und leben in einer festen Rangordnung (→ Seite 6). Davon auszugehen, dass das alteingesessene Tier mit dem Neuzugang gleich zu kuscheln anfängt, ist eher kaninchenuntypisch. Die Rangfolge muss nun einmal abgeklärt werden. Wie lange so etwas dauert und wie die Vergesellschaftung abläuft, hängt von vielen Faktoren ab. Nachfolgend meine Empfehlungen, die Ihnen bei einer erfolgreichen Vergesellschaftung helfen.

Gesundheitsschutz Am besten lassen Sie das neue Kaninchern umgehend vom Tierarzt durchchecken und auch eine Kotuntersuchung vornehmen (→ Kokzidiose, Seite 52). Wenn die Untersuchungen keinen auffälligen Befund ergeben, können Sie mit der Zusammenführung starten. Während der Quarantänezeit von ca. zwei Wochen muss man den Neuling in einem getrennten Raum unterbringen.

Jahreszeit In der Außenhaltung ist die Spanne von Mai bis September ideal. So erspart man sich langwierige Umstellungsphasen und kann auch ein Kaninchen aus der Innenhaltung sogleich nach draußen setzen (→ Seite 16).

Neutraler Grund Grundsätzlich sollte man kein neues Kaninchen einfach in das Revier setzen, wo schon ein anderes zu Hause ist. So ruft man nur unnötige Aggressionen hervor. Ein neutraler Boden für die erste Begegnung könnte sein: ein Raum im Haus, die Garage oder Sie stecken mit den Gitterelementen einen Bereich in Ihrem Garten ab, der noch nicht benutzt und markiert wurde.

Mit aufgerissenem Maul läuft Häsin Miss Marple wütend Maxi hinterher. Als Revierinhaberin will sie die Neue vertreiben.

Häsin Maxi hockt auf dem Dach des Häuschens. Doch Miss Marple hat sie dort entdeckt. Was wird nun passieren?

Mit einem galanten Sprung entzieht sich Maxi der Attacke. Und auch später erweist sich Maxi stets als die Flinkere.

Die Zusammenführung Verteilen Sie Heukörbchen und Leckerbissen in dem Raum oder Auslauf, damit die Tiere immer was zum Fressen haben und das erste Zusammentreffen mit etwas Angenehmem verknüpfen. Zusätzlich stellt man verschiedene Unterschlüpfe und Häuschen auf. Achten Sie jedoch darauf, dass kein Kaninchen von dem anderen in seinem Versteck in die Enge getrieben werden kann. Das Tier sollte stets durch einen weiteren Ausgang entfliehen können. Sonst provoziert man eine heftige Auseinandersetzung zwischen beiden Kontrahenten mit unnötigen Verletzungen.

Problem Rückzug Manchmal kommt es vor, dass sich ein Kaninchen stundenlang in ein Häuschen verzieht und gar nicht mehr daraus hervorkommen will. Nähert sich das andere Tier neugierig, wird der sichere Zufluchtsort (Bau) sogleich verteidigt, was zu weiterem Stress führt. Vor allem bei einem gleichalten Pärchen, kastrierter Bock mit Häsin, sind die Chancen einer erfolgreichen Vergesellschaftung am größten. Hier sollte man den Klärungsprozess nicht unnötig lange hinauszögern und in so einem Fall besser alle Verstecke entfernen. Übliche Rituale: gegenseitiges, vorsichtiges Beschnuppern, anstupsen, Dominanzaufreiten, wobei ein Kaninchen das andere berammelt (→ Seite 11), Verfolgungsjagden, sich umkreisen, überspringen, Urin verspritzen (→ Seite 11), Unmutsäußerungen wie Brummeln, sich gegenseitig anspringen, wobei auch mal Fellbüschel fliegen können – all dies ist noch kein Grund zur Besorgnis.

Nicht zu früh eingreifen Bei manchen Kaninchen scheint es Liebe auf den ersten Blick zu sein, andere benötigen länger, bis sie sich miteinander verstehen. Bis dahin jedoch sollte man die Tiere stets gut im Auge behalten, tief durchatmen und sich in Geduld üben. Sicherlich nicht immer einfach, wenn man seinem kleinen Liebling eigentlich nur etwas Gutes tun wollte mit dem neuen Partner oder der Partnerin. Und nun scheinen beide keineswegs davon so begeistert zu sein, wie vielleicht erwartet. Nicht den Mut verlieren, in den meisten Fällen klappt es über kurz oder lang. Greifen Sie nicht aus Mitleid zu früh ein und trennen die Tiere wieder voneinander, sonst zögert sich dieser wichtige Klärungsprozess nur noch länger hinaus.

Das hilft Will es so gar nicht klappen, dann packen Sie beide Kaninchen in eine Transportbox und fahren mit ihnen eine Stunde lang Auto. Kaninchen mögen keine Autofahrten, und der gemeinsam durchgestandene Stress schmiedet die beiden Kontrahenten zusammen. Wir haben das schon mehrfach mit Erfolg ausprobiert.

Der Einzug ins Revier Wenn die Kaninchen beieinanderliegen, sich gegenseitig das Fell putzen und zusammen fressen, ist das Schlimmste überstanden. Warten Sie vielleicht noch ein, zwei Tage ab, und wenn es weiterhin friedlich abläuft, kann der Umzug beginnen. Setzen Sie den Neuling zuerst ins Gehege, damit er oder sie in Ruhe alles erkunden und markieren kann. Dieser kleine Platzvorteil stärkt das Selbstbewusstsein des Neulings. Erst Stunden danach sollte das Kaninchen mit ins Gehege einziehen, das hier zuvor schon gelebt hat. Kommt es nun zu erneuten Kabbeleien, werden die Revierfragen abgeklärt. Wenn sich die Kaninchen jedoch zuvor schon recht gut verstanden haben, wird auch dies sicher bald ausgestanden sein.

Die Riesenschecke beschnuppert den Farbenzwerg zur ersten Kontaktaufnahme. Eine übliche Verhaltensweise zur geruchlichen Erkennung.

In diesen Fällen müssen Sie eingreifen

Wenn Sie beobachten, dass sich die Kaninchen wütend zu einem festen Knäuel verbeißen und gar nicht mehr voneinander lassen wollen, muss man eingreifen. Versuchen Sie nicht, mit bloßen Händen dazwischenzugehen, denn die Tiere sind so erregt, dass Sie ebenfalls Bisse und Kratzer abbekämen. Besser, man wirft eine Decke über die Kämpfer und trennt sie unverzüglich. Lassen Sie sich dabei von einer zweiten kaninchenerfahrenen Person helfen. Suchen Sie danach jedes der Kaninchen nach Kampfspuren und Verletzungen ab. Kleinere Bisswunden können Sie desinfizieren und mit einer Wundsalbe behandeln. Bei größeren Verletzungen sollten Sie mit dem Tier zum Tierarzt gehen, da Wunden eventuell genäht werden müssen.

Vorübergehende Trennung Zur Beruhigung gibt man jedes Kaninchen in einen separaten Zimmerkäfig mit Auslauf. Während dieser Trennungsphase sollten sich die Kontrahenten nicht sehen. Nach etwa ein bis zwei Wochen können Sie erneut eine Vergesellschaftung versuchen.

Notfälle Wenn ein Tier in der Gruppe dauerhaft gemobbt und so eingeschüchtert wird, dass es sich komplett zurückzieht und auch kaum noch fressen möchte, sollte man dieses Kaninchen aus der Gruppe nehmen. Das Gleiche gilt, wenn sich zwei, trotz aller Versuche, überhaupt nicht verstehen wollen und dauerhaft blutige Kämpfe liefern.

Häufig hilft es, wenn man für das Kaninchen einen anderen Artgenossen auswählt, mit dem es lieber zusammenlebt. Einzelhaltung ist keine Alternative, aber eine stressige Zwangsvergesellschaftung ebenfalls nicht. Vergessen Sie nicht, dass bei dauerhaftem Stress auch die Immunabwehr des Tieres beeinträchtigt wird. Als Folge davon können versteckte Krankheiten ausbrechen, wie beispielsweise E. cuniculi (→ Seite 52).

Moni und Maxi ziehen ein

Vielleicht erinnern Sie sich noch an die beiden Tierheimkaninchen, die ich bei mir im Haus Schritt für Schritt auf die Außenhaltung umgestellt habe (→ Seite 16). Mitte Januar konnten beide endlich in Danis großes Gehege umziehen (→ Seite 32). Dort wohnten schon Major Tom und Miss Marple, ebenfalls zwei »Nichtmehrgewollte«, und eine Sippe Meerschweinchen. Lange haben wir überlegt, ob wir nicht besser ein weiteres Pärchen dazugeben sollten. Doch Major Tom ist eher schüchtern und wäre mit einem zweiten Männchen höchstwahrscheinlich überfordert gewesen. So hielt er sich auch während der anfänglichen Auseinandersetzungen komplett aus allem raus. Gleichfalls Moni, das gelbweiß gescheckte Mädchen. Anders verlief es zwischen Miss Marple, der Revierchefin, und Maxi. Instinktiv hat Miss Marple erkannt, dass zwischen ihr und der selbstbewussten Maxi die Rangfolge abzuklären ist, und diese Angelegenheit gleich zur Chefsache erklärt. Doch Maxi erwies sich stets als die Flinkere. Und trotz aufgerissenem Maul konnte die anfangs wütende Miss Marple keinen Biss bei Maxi landen. Innerhalb von nur zwei Wochen eroberten Moni und Maxi ihren Platz in der Gruppe. Seitdem sind alle vier ein Herz und eine »Kaninchenseele« ...

Welche Tiere **vertragen** sich?

TIPPS VON DER KANINCHEN-EXPERTIN
Monika Wegler

JUNGTIERE Bis zur Geschlechtsreife kann man diese ohne Probleme gleich zusammensetzen. Den Bock unbedingt frühzeitig kastrieren lassen!

EIN PAAR Diese Geschlechterkombination versteht sich in der Regel am besten. Auch hier nur einen kastrierten Rammler mit der Häsin zusammen halten.

ÄHNLICHES ALTER Setzen Sie kein Baby zu einem ausgewachsenen Kaninchen. Das Kleine wäre körperlich unterlegen und dem psychischen Stress nicht gewachsen.

BEFREUNDETE TIERE Gerade bei älteren Kaninchen ist es ideal, gleich zwei Tiere aufzunehmen, die schon miteinander befreundet sind (beispielsweise aus dem Tierheim).

GRUPPE Zwei Pärchen, zwei Weibchen mit einem kastrierten Bock oder eine andere Kombination. Wer zusammenpasst, ist mit abhängig von der Persönlichkeit der einzelnen Tiere. Auch Größe und Ausstattung des Geheges müssen den Bedürfnissen der Gruppe angepasst werden.

Die **halbfett** gesetzten Seitenzahlen verweisen auf Abbildungen, U = Umschlag, UK = Umschlagklappe.

A

B

D

E

F

G

H

I

K

Die Inhalte dieses Buches beziehen sich auf die Bestimmungen des deutschen Tier- bzw. Artenschutzes. In anderen Ländern können die Angaben abweichend sein. Erkundigen Sie sich daher im Zweifelsfall bei Ihrem Zoofachhändler oder bei der entsprechenden Behörde.

Adressen

Verbände/Vereine

› ZDRK – Zentralverband Deutscher Rasse-Kaninchenzüchter e. V., Erwin Leowsky, Sonnenstr. 20, 95213 Münchberg, www.zdrk.de
› Rassezuchtverband Österreichischer Kleintierzüchter (RÖK), Geschäftsstelle: Unterlochnerstr. 17b, A-5230 Mattighofen, www.kleintierzucht-roek.at
› Rassekaninchen Schweiz, c/o Peter Iseli, Mühle 2, CH-3317 Mülchi, www.kleintiere-schweiz.ch
› Deutscher Tierschutzbund e. V., Baumschulallee 15, 53115 Bonn, www.tierschutzbund.de
› Österreichischer Tierschutzverein, Berlagasse 36, A-1210 Wien, Tel. 00 43/1/8 97 33 46, www.tierschutzverein.at
› Schweizer Tierschutz (STS), Dornacherstr. 101, CH-4018 Basel, www.tierschutz.com, Beratungsstelle Tel. 00 41/61/3 65 99 99

Wichtiger **Hinweis**

› Allergie Manche Menschen reagieren allergisch auf Tierhaare. Wenn Sie unsicher sind, sollten Sie sich vor dem Kaninchenkauf beim Arzt testen lassen.

› Stromunfälle Elektrische Leitungen müssen so abgesichert und verlegt werden, dass Kaninchen sie nicht benagen können.

› Verletzungen Kommt es im Umgang mit den Kaninchen zu Verletzungen, die Wunden gut desinfizieren und verbinden. Ist Ihre Tetanusschutzimpfung noch wirksam? Im Zweifelsfall den Arzt aufsuchen.

Fragen zur Haltung

Ihr Zoofachhändler und der Zentralverband Zoologischer Fachbetriebe Deutschlands e. V. (ZZF), Tel.: 0611/44755332 (nur telefonische Auskunft möglich: Mo 12–16 Uhr, Do 8–12 Uhr), www.zzf.de

Internetadressen

› www.giftpflanzen.ch
› www.bunnyhilfe.de
› www.zwergkaninchen.net
› www.kaninchen-online.de
› www.ggtm.de
› www.smile-tierliebe.de
› www.sweetrabbits.de
› www.kaninchenzucht.de

Zeitschriften

› Kaninchenzeitung, Hobby- und Kleintierzüchter Verlagsgesellschaft, Berlin; www.kaninchenzeitung.de
› Rodentia, Natur und Tier-Verlag GmbH, Münster; www.ms-verlag.de
› Ein Herz für Tiere, Ein Herz für Tiere Media GmbH, Ismaning; www.herz-fuer-tiere.de

Bücher, die weiterhelfen

› Linke-Grün, Gabriele: Zwergkaninchen. Wohlfühl-Heime gestalten, Gräfe und Unzer Verlag, München
› Linke-Grün, Gabriele: 300 Fragen zum Zwergkaninchen, Gräfe und Unzer Verlag, München
› Wegler, Monika: Zwergkaninchen, Gräfe und Unzer Verlag, München
› Wegler, Monika: Mein Zwergkaninchen, Gräfe und Unzer Verlag, München

Dank

Verlag und Autorin/Fotografin danken den Mitgliedern der Kleintierhilfe München für die Bereitschaft, ihre Außengehege fotografieren zu lassen, und deren freundliche Unterstützung, ebenso wie den anderen Kaninchenhaltern. Mehr zu dieser kleinen, aber sehr engagierten Tierschutzinitiative erfahren Sie unter: www.kleintierhilfe-muenchen.de
Bedanken möchte ich mich auch beim Verband Bayerischer Rassekaninchenzüchter e. V., ganz besonders bei den Vereinen B244 und B1, wo ich so viele unterschiedliche Rassekaninchen fotografieren konnte.

Die werden Sie auch lieben.

ISBN 978-3-8338-3634-3

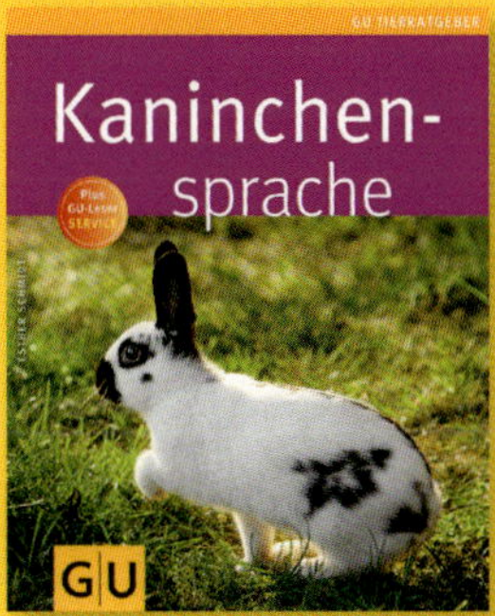

ISBN 978-3-8338-2826-3

ISBN 978-3-8338-0593-6

ISBN 978-3-8338-3639-8

ISBN 978-3-8338-3801-9

Laden im App Store

e Auch als eBook erhältlich.

Mehr von GU auf **www.gu.de** und
facebook.com/gu.verlag

GU
Willkommen im Leben.

Die Autorin und Fotografin

Monika Wegler arbeitet seit 1983 als selbstständige Fotografin und Autorin in München. Sie hat mehr als 90 erfolgreiche Ratgeber illustriert und viele davon auch selbst geschrieben. Neben der Bucharbeit ist sie durch ihre beliebten Kalender und Veröffentlichungen in Zeitschriften und Werbung bekannt geworden. Sie verfügt über 30 Jahre praktischer Erfahrung in der Haltung und Aufzucht von Kaninchen. Frau Wegler hält die Tiere, lebt mit ihnen zusammen und unterstützt seit vielen Jahren aktiv und finanziell Tierhilfsorganisationen, deren Arbeit sie gut kennt. Wer mehr über die Autorin und Fotografin erfahren möchte, kann sich auf ihrer Homepage informieren: **www.wegler.de**. Alle Fotos in diesem Ratgeber stammen von ihr.

Syndication:
www.jalag-syndication.de

© 2015
GRÄFE UND UNZER VERLAG GmbH, München
Aktualisierte Neuausgabe von Kaninchen im Außengehege GRÄFE UND UNZER VERLAG GmbH, 2008, ISBN 978-3-8338-0866-1.
Alle Rechte vorbehalten. Nachdruck, auch auszugsweise, sowie Verbreitung durch Film, Funk, Fernsehen und Internet, durch fotomechanische Wiedergabe, Tonträger und Datenverarbeitungssysteme jeglicher Art nur mit schriftlicher Genehmigung des Verlages.

Projektleitung: Anita Zellner, Vanessa Lotz
Lektorat: Gabriele Linke-Grün
Bildredaktion: Gabriele Linke-Grün, Adriane Andreas, Waltraud Flöter, Petra Ender (Cover)
Umschlaggestaltung und Layout: independent Medien-Design, Horst Moser, München
Herstellung: Claudia Labahn, Vanessa Görz
Satz und Repro: Longo AG, Bozen
Druck und Bindung: Schreckhase, Spangenberg

Printed in Germany

ISBN 978-3-8338-3640-4

1. Auflage 2015

www.facebook.com/gu.verlag

QUALITÄTS G|U GARANTIE

Liebe Leserin, lieber Leser,

haben wir Ihre Erwartungen erfüllt? Sind Sie mit diesem Buch zufrieden? Haben Sie weitere Fragen zu diesem Thema? Wir freuen uns auf Ihre Rückmeldung, auf Lob, Kritik und Anregungen, damit wir für Sie immer besser werden können.

GRÄFE UND UNZER Verlag
Leserservice
Postfach 86 03 13
81630 München
E-Mail:
leserservice@graefe-und-unzer.de

Telefon: 00800 / 72 37 33 33*
Telefax: 00800 / 50 12 05 44*
Mo–Do: 8.00–18.00 Uhr
Fr: 8.00–16.00 Uhr
(gebührenfrei in D, A, CH)*

Ihr GRÄFE UND UNZER Verlag
Der erste Ratgeberverlag – seit 1722.

Umwelthinweis

Dieses Buch ist auf PEFC-zertifiziertem Papier aus nachhaltiger Waldwirtschaft gedruckt.

GRÄFE UND UNZER

Ein Unternehmen der
GANSKE VERLAGSGRUPPE